計算力をつける
線形代数

神永正博・石川賢太

共著

内田老鶴圃

本書の全部あるいは一部を断わりなく転載または
複写(コピー)することは,著作権および出版権の
侵害となる場合がありますのでご注意下さい.

まえがき

　本書は,「使う」立場に立って書き下ろした線形代数の入門書である．本書では,線形代数の基本事項にのみターゲットを絞って解説した．理論上重要であっても,実際には利用しないことが多い内容については他書にゆずった．また,工業高校などからの入学者を想定し,数学 B,数学 C を履修していなくても無理なく学習が進められるように最大限配慮した．つまり,ベクトル,行列という言葉を初めて聞く学生でも,本書を学習する上で何の問題もない．自分の手を動かして勉強する気があれば,それが何よりの資質である．

　本書は,「計算力をつける微分積分」の姉妹編であるが,より計算力の養成に適した構成になっており,問,章末問題,共に計算練習中心になっている．本書は,手を動かさなければ学習できないという意味で体育の教科書に近い．いくら水泳の本を読んでも泳げるようにならないのと同じく,自分の手を使って計算練習しなければ,永遠に計算ができるようにはならないのである．

　本書では,ベクトル空間からスタートする抽象的な理論展開は避け,「連立方程式の解き方」「ベクトル,行列の扱い方」を重点的に説明する．実際のところ,かなり専門的な数学を必要とする一部の学科を除くと,抽象度を上げるご利益は,あまり大きいとはいえないからである．また,算数が分からない段階で二次方程式の解き方を勉強しても得るものがほとんどないのと同じく,「連立方程式の解き方」「行列の扱い方」を知る前に抽象的な概念と格闘するのは,あまり賢い勉強法ではない．

　また,数学そのものに強い興味をもたない大部分の学生にとって,必要性がよく分からない状態で勉強するのは苦痛であろうし,そういう状態ではなかなか身につかないだろう．

　まずは本書で,連立方程式や行列に関する種々の概念がどのような動機で出てきたのかを理解してほしい．その上で,基礎的な「算術」を掛け算九九のレベルまで消化してほしい．ここがしっかりできていれば,代数的な理論は,必要に迫られてから学んでも遅くはない．

まえがき

　本書では，可能な限り行列の基本変形だけで話の筋が理解できるように書いたため，数学的なエレガントさに欠ける部分があるが，手計算を通して理解するには，この方が好都合な部分も多いと思う．

　連立方程式や行列に少しでも親しんでいただければ，本書の目的は達成されたことになる．

　最後に，このような本を書く機会を与えてくださった内田老鶴圃社長の内田学氏，お忙しい中，査読を引き受けて下さった大阪府立工業高等専門学校の稗田吉成氏に感謝したい．

2009 年 6 月

神永 正博・石川 賢太

第 2 版によせて

　第 2 版に際し，誤植などの修正を行い，若干わかりにくいと思われる表現を改めた．筆者の一人（神永）は，実際に本書を用いて講義しているが，それ以前に比べ不合格者が大きく減少した．多数の計算問題に取り組むことが，十分な計算力の養成に重要であることを再度，認識しているところである．また，14 章構成となっているため，ほぼ 1 回の講義に 1 章を割り当てることが可能であり，毎回の講義の学習目標が明確であることも受講者の学習の助けとなると思われる．本書の活用によって，より多くの学生が数学を「使える」ようになることを期待している．

2012 年 8 月

著　者

目　次

まえがき i

第1章　線形代数とは何をするものか？ 1
1.1　連立方程式 1
1.2　行列，ベクトル，一次変換 3
1.3　固有値 6
　　章末問題　9

第2章　行列の基本変形と連立方程式（1） 11
2.1　未知数が2つの連立方程式 11
2.2　未知数が3つの連立方程式 13
2.3　行列の基本変形 14
　　章末問題　17

第3章　行列の基本変形と連立方程式（2） 19
3.1　解が無数に存在する連立方程式 19
3.2　連立方程式と係数行列のランク 21
3.3　解が存在しない場合 23
　　章末問題　25

第4章　行列と行列の演算 27
4.1　行列の和と差，スカラー倍 27
4.2　行列の積 29
4.3　ブロック行列 34
　　章末問題　37

第5章　逆行列 39
5.1　逆行列の定義 39

iii

5.2　逆行列の計算 ··· 40
　　　章末問題　46

第6章　行列式の定義と計算方法 ································· 49
　　6.1　2×2 行列の行列式 ·· 49
　　6.2　行列式の定義 ·· 52
　　　章末問題　59

第7章　行列式の余因子展開 ··· 61
　　7.1　3×3 行列の行列式の余因子展開 ···································· 61
　　7.2　一般の行列式の余因子展開 ·· 63
　　　章末問題　66

第8章　余因子行列とクラメルの公式 ······························ 67
　　8.1　逆行列と余因子行列 ··· 67
　　8.2　クラメルの公式 ··· 72
　　　章末問題　76

第9章　ベクトル ··· 79
　　9.1　幾何ベクトル ·· 79
　　9.2　ベクトルの内積 ··· 81
　　9.3　ベクトルの外積 ··· 83
　　　章末問題　87

第10章　空間の直線と平面 ·· 89
　　10.1　空間の直線 ·· 89
　　10.2　空間の平面 ·· 90
　　　章末問題　94

第11章　行列と一次変換 ·· 95
　　11.1　ベクトルの一次変換 ··· 95
　　11.2　ロボットアームと回転行列 ··· 96

11.3 直線に対する折り返しの変換 98
11.4 一次変換と行列式 99
　章末問題　103

第12章　ベクトルの一次独立，一次従属 105
12.1 逆行列をもつ条件を横ベクトルの条件で表現する 105
12.2 基　底 108
　章末問題　110

第13章　固有値と固有ベクトル 111
13.1 固有値と固有ベクトルの定義と例 112
13.2 固有値が実数でない場合 116
13.3 異なる固有値に対応する固有ベクトルが一次独立であること 117
　章末問題　118

第14章　行列の対角化と行列の k 乗 119
14.1 行列の対角化 119
14.2 行列の k 乗 122
14.3 対角化の意味 123
14.4 固有方程式が重解をもっても対角化できる場合 124
14.5 いつでも対角化できるわけではない 127
　章末問題　129

問と章末問題の略解 131
索　引 145

第1章 線形代数とは何をするものか？

はじめに，本書で扱う線形代数がどんなものか説明しておこう．

線形代数学という学問分野は幅広い．また，関連する分野も非常にたくさんある．全部理解するのは大変だが，幸い，**数学を使う人たち**にとって特に重要なのは，以下の3つだけである．

- 連立方程式を解けるようになること
- ベクトル，行列の意味を理解し，計算ができるようになること
- 行列の性質，特に固有値を理解すること

もちろん，専門的に勉強し始めると，分野ごとにもっと立ち入った知識が必要になるが，これらをよく理解しておけば，もう少し専門的な話を勉強するのはそれほど難しいことではない．まずは，基本をきっちりおさえておくこと，これが肝心である．

そこで，本書では，この3つを中心に解説する．

1.1 連立方程式

連立方程式は中学で習っているので，何をいまさら，という人もいると思う．しかし，連立方程式は思っているほど簡単なものではない．例を挙げて説明しよう．

例1

以下の連立方程式を考えよう．

$$\begin{cases} x+y=3 & \cdots ① \\ x-y=1 & \cdots ② \end{cases}$$

もちろん，この連立方程式は解をもち，$x=2, y=1$ が得られる．グラフで考えてみよう．

1

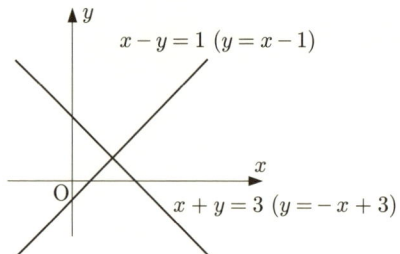

図1.1 解が一つだけ決まる場合

　式①と式②は，直線の式と考えられる．その位置関係は，図1.1の通り．連立方程式の解は，2つの直線の交点になっている．つまりこの場合，**解は1つ（1点）だけ**決まる．めでたしめでたし．

では，次の連立方程式ではどうだろうか．

例2

$$\begin{cases} x + y = 3 & \cdots ① \\ 2x + 2y = 6 & \cdots ② \end{cases}$$

　この場合，②の両辺を2で割れば①になるので，実質的には，方程式は2つではなく，"$x+y=3$"の1つだけしかないことになる．このようなx,yの組(x,y)は，$(3,0)$でもいいし，$(2,1)$でもいいし，$(1,2)$でもいい．この直線上の点はすべて解だから，この場合，解は**無数にある**ことになる（図1.2）．

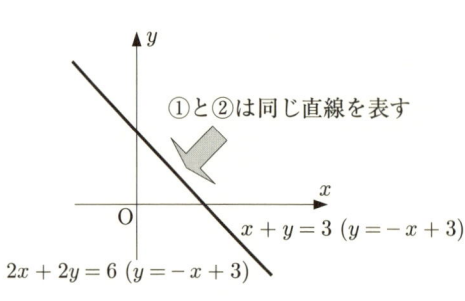

図1.2 解が無数にある場合

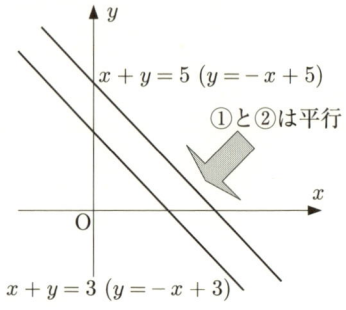

図1.3 解が存在しない場合

今度は，次の連立方程式を考えてみよう．

例 3
$$\begin{cases} x+y=3 & \cdots ① \\ x+y=5 & \cdots ② \end{cases}$$

①と②が同時にみたされるには，$3=5$ でなければならない．もちろん，そんなことはないので，この場合，**解が存在しない**．グラフを描くと，図 1.3 のようになり，①と②は平行な直線になっていることが分かる．

なるほど．でも，そんなこと，図を見れば分かるのではないか，と思う人がいると思う．

では，次の連立方程式はどうか．

例 4
$$\begin{cases} 3x+4y+7z-4w=3 \\ x-2y+5z+3w=4 \\ 2x+\ y+\ z+8w=4 \\ 5x+5y+8z+4w=7 \end{cases}$$

この方程式を見て，解があるかないか，1 つか無数にあるのか，といったことは，見ただけでは分かりにくいだろう（実はこの方程式には無数に解がある）．4 つも未知数があるのでグラフも描けない．

未知数が 4 つくらいなら丁寧に計算すればどうにかなりそうだが，応用上出てくる連立方程式は，もっと多くの未知数をもつ場合がある．未知数が 100 個，1000 個，それどころか 10 万個くらいになることさえある．そうなったら解があるのかないのか，仮にあったとしてそれをどうやって求めればよいのか，きちんと考えておかなければならない．線形代数を学ぶと，このような連立方程式をどのように扱えばよいのかが分かる．

1.2 行列，ベクトル，一次変換

連立方程式をまとめて表現するには，行列とベクトルを使うと便利である．
例えば，先ほどの連立方程式

例 5

$$\begin{cases} 3x + 4y + 7z - 4w = 3 \\ x - 2y + 5z + 3w = 4 \\ 2x + y + z + 8w = 4 \\ 5x + 5y + 8z + 4w = 7 \end{cases} \quad (*)$$

を行列とベクトルで表すと，次のようにかくことができる．

$$\begin{bmatrix} 3 & 4 & 7 & -4 \\ 1 & -2 & 5 & 3 \\ 2 & 1 & 1 & 8 \\ 5 & 5 & 8 & 4 \end{bmatrix} \begin{bmatrix} x \\ y \\ z \\ w \end{bmatrix} = \begin{bmatrix} 3 \\ 4 \\ 4 \\ 7 \end{bmatrix}$$

詳しくは，第 4 章「行列と行列の演算」で学ぶので，ここでは大体の意味をつかんでもらいたい．ここで，数字が縦横に全部で $4 \times 4 = 16$ 個並んでいる「表」が**行列**，縦に 4 個の数字（文字）が並んでいるのが（縦）**ベクトル**である．

ここで，$4 \times 4 = 16$ 個とか，4 個とかいたが，これは特殊な場合で，一般には，$m \times n$ 個，n 個とすることができる．つまり，数字や文字を縦横に長方形（または正方形）に並べた表を括弧 [ ] でくくったものを**行列**という．

一般に，

$$\begin{bmatrix} a_{11} & a_{12} & \cdots & a_{1n} \\ a_{21} & a_{22} & \cdots & a_{2n} \\ \vdots & \vdots & & \vdots \\ a_{m1} & a_{m2} & \cdots & a_{mn} \end{bmatrix}$$

のように長方形に配列したものを，m **行** n **列の行列**，$m \times n$ **行列**，$m \times n$ **型の行列**などという．本書では，**これ以降，行列を表すときは [ ] を用いる**ものとする．行列において，その成分の横の並びを**行**といい，上から順に第 1 行，第 2 行，… という．また，成分の縦の並びを**列**といい，左から順に第 1 列，第 2 列，… という．a_{ij} は第 i 行と第 j 列の交わったところにある数字や文字で，この行列の (i, j) **成分**という．

具体的な行列に対して，上の語句を確認してみよう．

1.2 行列，ベクトル，一次変換

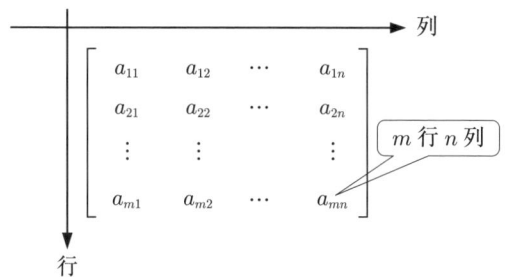

例6

$$\begin{bmatrix} 1 & 2 & -3 & 0 \\ 3 & 5 & 4 & -1 \\ -4 & -1 & -2 & 6 \end{bmatrix}$$

を見ると，行の数が 3，列の数が 4 であるから，この行列は 3×4 型である．また第 2 行は $\begin{bmatrix} 3 & 5 & 4 & -1 \end{bmatrix}$，第 3 列は $\begin{bmatrix} -3 \\ 4 \\ -2 \end{bmatrix}$ だから，第 2 行と第 3 列の交わったところにある 4 が $(2,3)$ 成分となる．

一般に，行列は $A, B, \cdots$ などの大文字を用いて表し，単に (i,j) 成分だけで代表させて $A = [a_{ij}]$ のように略記することがある．

ベクトルは，太文字の小文字 $\boldsymbol{u}, \boldsymbol{v} \cdots$ のように表すことが多い．これらの記号を使うと，連立方程式 $(*)$ は，一般に，

$$A = \begin{bmatrix} 3 & 4 & 7 & -4 \\ 1 & -2 & 5 & 3 \\ 2 & 1 & 1 & 8 \\ 5 & 5 & 8 & 4 \end{bmatrix}, \quad \boldsymbol{x} = \begin{bmatrix} x \\ y \\ z \\ w \end{bmatrix}, \quad \boldsymbol{u} = \begin{bmatrix} 3 \\ 4 \\ 4 \\ 7 \end{bmatrix}$$

として，

$$A\boldsymbol{x} = \boldsymbol{u}$$

のように簡単に表すことができる．数字や文字をいちいち並べてかくよりも，このように一括して表現した方が便利なことが多い．

このようにして定義した行列やベクトルについて，どんな計算規則が成り立つのかを考えると，同じ型の行列については，足し算 $A+B$，引き算 $A-B$ が成分ごとの足し算，引き算として定義できる（第4章）．掛け算については，足し算，引き算ほど単純ではなく，「A の列の数 $=B$ の行の数」のときのみ AB が定義できる（第4章）．$n \times n$ 型の行列 A に対しては「割り算」が定義できることがあるが，そのためには，A の行列式が 0 にならないという条件が必要になる（第5, 6章）．このように行列の性質を調べると，普通の数とは違った性質が現れる．例えば，普通の数では $ab = ba$ が成り立つが，行列では，$AB = BA$ が成り立たないことがある．この性質によって，行列の計算は普通の数の計算よりもずっと難しいものになる．

線形代数学を学ぶと，このような行列の演算について理解することができる．

また，行列には，ベクトルを別のベクトルに変換するという意味もある．例えば，

$$A\boldsymbol{x} = \boldsymbol{u}$$

という方程式は，ベクトル $\boldsymbol{x}$ を行列 A で変換した結果 $A\boldsymbol{x}$ が $\boldsymbol{u}$ に等しい，という意味に理解できる．このような対応

$$\boldsymbol{x} \mapsto A\boldsymbol{x}$$

を**一次変換**という．例えば，平面上で原点を中心とした回転という操作を考えると，これは一次変換になる（回転の変換）．

第 11 章で説明するが，ロボットを動かす際には，一次変換が大活躍する．

1.3 固有値

行列の性質を詳しく調べると「固有値」というものが出現する．

ここでは固有値の定義はしないが，代わりに，何に使われるかを説明する．

面白い例として，建物や橋など構造物の振動現象に現れる固有値について紹介しておこう．

お寺の鐘をたたくと，「ゴーン」と低い音が出る．一方，ハンドベルやトライアングルなどは高い音が出る．これは，その楽器の「固有振動数」がどのようなものであるかによって決まる．固有振動数は，構造物の大きさや形，材質によって決まるので，うまく調整することによってさまざまな音色の楽器をつくることができる．

1.3 固有値

図1.4 音叉 (from wikicommons)

理科の実験や音楽の時間に「音叉」(図 1.4) を使ったことがある人は多いだろう．音叉をたたくと音叉ごとに特有の音を聴くことができる．音叉には，さまざまな大きさのものがあるので音叉の音もいろいろである．

同じ大きさの音叉を 2 つ並べて 1 つだけたたくと面白いことが起きる．1 つをたたいているだけなのに，もう 1 つの音叉も振動して鳴るのだ．これは，両者の固有振動数が同じため「**共振**」が起きた証拠である．

建物や橋，航空機などさまざまな構造物も，地震や風などで振動していることが知られているが，地震の振動の振動数や周期的な風の振動数と構造物の固有振動数が一致したら同じように共振が起きるのだろうか？

1940 年 7 月 1 日，アメリカはワシントン州のピュージェット湾にある海峡に幅 11.9 m，全長 1600 m のつり橋が開通した．当時最新の建築理論をもとにつくられたこの橋は，「タコマ橋」(Tacoma Narrows Bridge) と呼ばれた．この橋は，建築中から揺れがあったが，開通して間もない 1940 年 11 月 7 日，風速 19 m の風が吹いたとき，大きくねじれて揺れ始め，ついに落ちてしまったのだ[*1]．なぜこんなことが起きたのだろうか？原因は，横風によって橋桁の上下に発生した空気の渦が周期的に橋を振動させ，この振動数が橋の固有振動数に近いものだったため共振が生じ，振動をどんどん増幅させたからであった．固有振動数で物体をゆするとだんだん揺れが大きくなるのである．

これと似た現象は他にも起きている．1850 年，フランスのアンジェにあるバス・

[*1] タコマ橋の振動については，http://cee.carleton.ca/Exhibits/Tacoma_Narrows/ に MPEG 画像（Ed Elliott The Camera Shop 1007 Pacific Ave., Tacoma, Washington, USA 98402）がある．

図1.5 タコマ橋（再建後のもの）　　図1.6 壊れたタコマ橋
(from wikicommons)　　　　　　　(from wikicommons)

シェーヌ橋（つり橋）の上で500人の歩兵隊が行進していたところ，橋が大きく揺れ始め，ついに陥落し，226人が亡くなるという大惨事が起きた．これも，歩兵隊の歩調が橋と共振を起こしたことによる．

このようなことを避けるには，単に橋の材料を強くするだけでは十分ではなく，設計段階で，橋がどのような固有振動数をもっているかを調べておく必要がある．この際に構造物の振動を記述する巨大な行列の固有値を求めることによって，構造物の固有振動数を計算することができる．構造物の振動を調べるのに，固有値は重要な役割を果たしているのだ．

第1章 章末問題

[**1**] 次の連立方程式に対し，解が1つか，解が無数にあるか，解が存在しないかを，グラフを描いて判定せよ．

(1) $\begin{cases} x+y=2 \\ -2x+y=3 \end{cases}$
(2) $\begin{cases} 2x+y=-3 \\ -4x-2y=6 \end{cases}$
(3) $\begin{cases} x-y=3 \\ 2x-2y=1 \end{cases}$

[**2**] 次の行列の型をいえ．

(1) $\begin{bmatrix} 0 & 1 \\ -1 & 3 \\ 1 & -5 \end{bmatrix}$
(2) $\begin{bmatrix} 1 & 0 & -2 & 3 \\ 0 & 1 & 1 & -2 \end{bmatrix}$
(3) $\begin{bmatrix} 1 & 0 & 0 \\ 0 & 1 & 0 \\ 0 & 0 & 1 \end{bmatrix}$

(4) $\begin{bmatrix} 2 & 0 & -1 \end{bmatrix}$
(5) $\begin{bmatrix} 0 & 0 \\ 0 & 0 \end{bmatrix}$
(6) $\begin{bmatrix} 3 \\ -1 \\ 0 \end{bmatrix}$

[**3**] 行列 $A = \begin{bmatrix} -1 & 4 & -5 \\ 0 & 8 & -3 \\ 3 & -2 & 0 \\ 6 & -1 & 0 \end{bmatrix}$ について，次の問に答えよ．

(1) 行列 A の型をいえ．
(2) 行列 A の $(3,2)$ 成分をいえ．
(3) 行列 A の第4行をいえ．
(4) 行列 A の第2列をいえ．
(5) 行列 A の成分で値が0であるものをすべていえ．

第2章 行列の基本変形と連立方程式(1)

中学・高校で連立方程式について学んだ．ここで，もう一度見直してみることにしよう．

2.1 未知数が2つの連立方程式

次のような連立方程式を考える．

例7

$$\begin{cases} x + 3y = 6 & \cdots ① \\ -4x + 2y = -10 & \cdots ② \end{cases}$$

まず，②の両辺に1/2を掛けて（2で割って），

$$-2x + y = -5$$

が得られる．これをあらためて②とすると，この連立方程式は，

$$\begin{cases} x + 3y = 6 & \cdots ① \\ -2x + y = -5 & \cdots ② \end{cases}$$

となる．この変形は，未知数 x, y の値にはもちろん何の影響も与えない．以下同様に，①を2倍して②に加えてみると，②から x が消えて，

$$\begin{cases} x + 3y = 6 & \cdots ① \\ 0x + 7y = 7 & \cdots ② \end{cases}$$

が得られる．②を7で割って，

$$\begin{cases} x + 3y = 6 & \cdots ① \\ 0x + y = 1 & \cdots ② \end{cases}$$

最後に，② を 3 倍して ① から引くと，

$$\begin{cases} x + 0y = 3 & \cdots ① \\ 0x + y = 1 & \cdots ② \end{cases}$$

これで連立方程式の解 $x = 3, y = 1$ が得られた．

重要なことの 1 つは，変数 x, y は，変形上本質的ではなく，係数だけ見ればよいということだ．そこで，行列に翻訳して変形の過程を見てみると，以下のようになる．このような行列を**係数行列**[*2] という．ここで，行列に縦棒が入っているのは，元の連立方程式の左辺と右辺を区別するためである．また，①，② は，その 1 つ前の行列の第 1 行，第 2 行を意味する．

$$\begin{bmatrix} 1 & 3 & | & 6 \\ -4 & 2 & | & -10 \end{bmatrix} \to \begin{bmatrix} 1 & 3 & | & 6 \\ -2 & 1 & | & -5 \end{bmatrix} \quad \left(\frac{1}{2} \times ②\right)$$

$$\to \begin{bmatrix} 1 & 3 & | & 6 \\ 0 & 7 & | & 7 \end{bmatrix} \quad (② + 2 \times ①)$$

$$\to \begin{bmatrix} 1 & 3 & | & 6 \\ 0 & 1 & | & 1 \end{bmatrix} \quad \left(\frac{1}{7} \times ②\right)$$

$$\to \begin{bmatrix} 1 & 0 & | & 3 \\ 0 & 1 & | & 1 \end{bmatrix} \quad (① + (-3) \times ②)$$

となる．よって解は，係数行列を連立方程式に戻すことで $x = 3, y = 1$ となる．

ここで行った変形は，以下の 2 種類だけであることに注意しよう．

- [操作 1] **ある行を何倍（0 倍以外）かする**
- [操作 2] **ある行の何倍かを他の行に加える**

[*2] 縦棒の左側を係数行列と呼び，これを拡大係数行列ということもある．本書では，特に断らない限り，まとめて係数行列と呼ぶ．

問 1

連立方程式
$$\begin{cases} 2x + 3y = 1 \\ -x + y = -3 \end{cases}$$
の係数行列をかけ.

2.2 未知数が3つの連立方程式

次に，未知数が3つの場合を見てみよう．

例 8

$$\begin{cases} x + 2y + 3z = 1 & \cdots ① \\ -2x + 3y + z = -2 & \cdots ② \\ 3x + y + 2z = 5 & \cdots ③ \end{cases}$$

連立方程式を見たら，まず，係数行列に直す．

$$\left[\begin{array}{ccc|c} 1 & 2 & 3 & 1 \\ -2 & 3 & 1 & -2 \\ 3 & 1 & 2 & 5 \end{array}\right]$$

これに対して [操作1], [操作2] を繰り返して

$$\left[\begin{array}{ccc|c} 1 & 0 & 0 & * \\ 0 & 1 & 0 & * \\ 0 & 0 & 1 & * \end{array}\right]$$

という形にすれば，解が得られることになる．早速やってみよう．

$$\left[\begin{array}{ccc|c} 1 & 2 & 3 & 1 \\ -2 & 3 & 1 & -2 \\ 3 & 1 & 2 & 5 \end{array}\right] \to \left[\begin{array}{ccc|c} 1 & 2 & 3 & 1 \\ \mathbf{0} & 7 & 7 & 0 \\ \mathbf{0} & -5 & -7 & 2 \end{array}\right] \quad \begin{array}{l} (② + 2 \times ①, \\ ③ + (-3) \times ①) \end{array}$$

$$\rightarrow \begin{bmatrix} 1 & 2 & 3 & | & 1 \\ \mathbf{0} & 1 & 1 & | & 0 \\ \mathbf{0} & -5 & -7 & | & 2 \end{bmatrix} \quad \left(\frac{1}{7} \times ②\right)$$

$$\rightarrow \begin{bmatrix} 1 & 2 & 3 & | & 1 \\ \mathbf{0} & 1 & 1 & | & 0 \\ \mathbf{0} & \mathbf{0} & -2 & | & 2 \end{bmatrix} \quad (③ + 5 \times ②)$$

$$\rightarrow \begin{bmatrix} 1 & 2 & 3 & | & 1 \\ \mathbf{0} & 1 & 1 & | & 0 \\ \mathbf{0} & \mathbf{0} & 1 & | & -1 \end{bmatrix} \quad \left(\left(-\frac{1}{2}\right) \times ③\right)$$

$$\rightarrow \begin{bmatrix} 1 & 2 & \mathbf{0} & | & 4 \\ \mathbf{0} & 1 & \mathbf{0} & | & 1 \\ \mathbf{0} & \mathbf{0} & 1 & | & -1 \end{bmatrix} \quad \begin{array}{l}(① + (-3) \times ③, \\ ② + (-1) \times ③)\end{array}$$

$$\rightarrow \begin{bmatrix} 1 & \mathbf{0} & \mathbf{0} & | & 2 \\ \mathbf{0} & 1 & \mathbf{0} & | & 1 \\ \mathbf{0} & \mathbf{0} & 1 & | & -1 \end{bmatrix} \quad (① + (-2) \times ②)$$

となるので，これを元の連立方程式に戻すと，

$$\begin{cases} 1x + \mathbf{0}y + \mathbf{0}z = 2 \\ \mathbf{0}x + 1y + \mathbf{0}z = 1 \\ \mathbf{0}x + \mathbf{0}y + 1z = -1 \end{cases}$$

なので，$x = 2, y = 1, z = -1$ が解となる．ここで，消したいと思って消した係数 0 を太文字で示した．ここでも，[操作 1]，[操作 2] しか用いなかったことに注意しよう．

2.3 行列の基本変形

ならば，連立方程式を解くには，[操作 1]，[操作 2] で万事 OK かというと，そうではない．

例を見よう．

2.3 行列の基本変形

例 9

$$\begin{cases} x + 2y + 3z = 1 & \cdots ① \\ -2x - 4y + z = -9 & \cdots ② \\ 3x + y + 2z = 5 & \cdots ③ \end{cases}$$

係数行列をかいて, [操作 1], [操作 2] で変形してみると,

$$\left[\begin{array}{ccc|c} 1 & 2 & 3 & 1 \\ -2 & -4 & 1 & -9 \\ 3 & 1 & 2 & 5 \end{array}\right] \to \left[\begin{array}{ccc|c} 1 & 2 & 3 & 1 \\ \mathbf{0} & \mathbf{0} & 7 & -7 \\ \mathbf{0} & -5 & -7 & 2 \end{array}\right] \quad \begin{array}{l} (②+2\times①, \\ ③+(-3)\times①) \end{array}$$

のように, めがけて 0 にしたところ以外にも 0 が出てきてしまう.

だが, ちょっと考えてみれば, これは特に困った話ではない. 連立方程式の式の順序はどうでもいいのだから, ここで, ② と ③ を入れ替えて,

$$\left[\begin{array}{ccc|c} 1 & 2 & 3 & 1 \\ \mathbf{0} & -5 & -7 & 2 \\ \mathbf{0} & \mathbf{0} & 7 & -7 \end{array}\right] \quad (②と③を交換)$$

として計算を続ければよい.

$$\left[\begin{array}{ccc|c} 1 & 2 & 3 & 1 \\ \mathbf{0} & -5 & -7 & 2 \\ \mathbf{0} & \mathbf{0} & 7 & -7 \end{array}\right] \to \left[\begin{array}{ccc|c} 1 & 2 & 3 & 1 \\ \mathbf{0} & -5 & -7 & 2 \\ \mathbf{0} & \mathbf{0} & 1 & -1 \end{array}\right] \quad \left(\frac{1}{7}\times③\right)$$

$$\to \left[\begin{array}{ccc|c} 1 & 2 & \mathbf{0} & 4 \\ \mathbf{0} & -5 & \mathbf{0} & -5 \\ \mathbf{0} & \mathbf{0} & 1 & -1 \end{array}\right] \quad \begin{array}{l} (①+(-3)\times③, \\ ②+7\times③) \end{array}$$

$$\to \left[\begin{array}{ccc|c} 1 & 2 & \mathbf{0} & 4 \\ \mathbf{0} & 1 & \mathbf{0} & 1 \\ \mathbf{0} & \mathbf{0} & 1 & -1 \end{array}\right] \quad \left(\left(-\frac{1}{5}\right)\times②\right)$$

$$\to \left[\begin{array}{ccc|c} 1 & \mathbf{0} & \mathbf{0} & 2 \\ \mathbf{0} & 1 & \mathbf{0} & 1 \\ \mathbf{0} & \mathbf{0} & 1 & -1 \end{array}\right] \quad (①+(-2)\times②)$$

となり，解 $x=2, y=1, z=-1$ が得られた．

つまり，連立方程式を解くのに必要な操作は，

- [操作1] **ある行を何倍（0倍以外）かする**
- [操作2] **ある行の何倍かを他の行に加える**
- [操作3] **ある行と別の行とを交換する**

の3つだということが分かる．この3つの操作は，いずれも，**連立方程式の解を変化させない変形**で，**行列の（行の）基本変形**と呼ばれている．行列の基本変形は，未知数の個数が増えても通用することは想像がつくだろう．基本変形は，非常に簡単なことに見えるが，今後出てくる「ランク」，「逆行列」，「行列式」などはすべて行列の基本変形によって計算することができる．行列の基本変形は，単純だが，非常に重要な操作なのである．

問2

連立方程式
$$\begin{cases} -x + z = 2 \\ 3x + y + 2z = 2 \\ x + y - 2z = 0 \end{cases}$$
を係数行列の基本変形を利用して解け．

第 2 章 章末問題

[**1**] 次の連立方程式について，係数行列をかけ．

(1) $\begin{cases} 2x - y = 2 \\ -3x + y = 3 \end{cases}$
(2) $\begin{cases} 2x + y - z = 2 \\ -x + 4z = 3 \end{cases}$

(3) $\begin{cases} 5x - 6y + 3z = 4 \\ -4x + y - 2z = -6 \\ y - 4z = -2 \end{cases}$
(4) $\begin{cases} x - z + w = -1 \\ 2x + y - 3z - w = 3 \\ y - w = 7 \end{cases}$

[**2**] 次の連立方程式を係数行列の基本変形を利用して解け．

(1) $\begin{cases} x - 2y = -3 \\ -y = -1 \end{cases}$
(2) $\begin{cases} 2x = -4 \\ -3x + y = 7 \end{cases}$

(3) $\begin{cases} x - 3y = 2 \\ -4x + 2y = -3 \end{cases}$
(4) $\begin{cases} 3x - 4y = 2 \\ -x + y = -1 \end{cases}$

(5) $\begin{cases} -x + y = -7 \\ 2x + y = 2 \\ 3x + 2y = 1 \end{cases}$
(6) $\begin{cases} x + 2y - 4z = 7 \\ -x - y + 3z = -5 \\ x + y - 2z = 4 \end{cases}$

(7) $\begin{cases} x + 2y - z = 4 \\ 3x + 6y + 6z = -3 \\ -2x + y - z = 2 \end{cases}$
(8) $\begin{cases} 2x - y - 3z = 4 \\ -3x + y + z = 2 \\ 5x + y - z = 8 \end{cases}$

(9) $\begin{cases} -x + y = 3 \\ 2x - 5y - 4z = -4 \\ -2x + 4y + 3z = 4 \end{cases}$
(10) $\begin{cases} x + y - z - w = 2 \\ -3x - y + 5z + 3w = -2 \\ 2x + 4y + z - w = 7 \\ -2x - y = -3 \end{cases}$

第3章 行列の基本変形と連立方程式(2)

前章を学んだ読者は，連立方程式の解法は，もう大丈夫，と思ったかもしれない．しかし，最初に述べたように，連立方程式は，解を無数にもつこともあるし，解が1つもないこともある．ここでは，この問題について考えよう．

前章では，連立方程式を解くには，基本変形を繰り返して，

$$\begin{bmatrix} 1 & 0 & 0 & | & \alpha \\ 0 & 1 & 0 & | & \beta \\ 0 & 0 & 1 & | & \gamma \end{bmatrix}$$

の形に変形することにより，解，$x = \alpha, y = \beta, z = \gamma$ が得られることを学んだ．これがうまくいかなくなるのはどのような場合だろうか．

3.1 解が無数に存在する連立方程式

次の連立方程式を考えよう．

例 10

$$\begin{cases} x + 3y + 5z = 3 & \cdots ① \\ 2x - 4y = 16 & \cdots ② \\ x - 7y - 5z = 13 & \cdots ③ \end{cases}$$

係数行列は，

$$\begin{bmatrix} 1 & 3 & 5 & | & 3 \\ 2 & -4 & 0 & | & 16 \\ 1 & -7 & -5 & | & 13 \end{bmatrix}$$

前章と同じように基本変形してみよう．

$$\begin{bmatrix} 1 & 3 & 5 & | & 3 \\ 2 & -4 & 0 & | & 16 \\ 1 & -7 & -5 & | & 13 \end{bmatrix} \rightarrow \begin{bmatrix} 1 & 3 & 5 & | & 3 \\ 0 & -10 & -10 & | & 10 \\ 0 & -10 & -10 & | & 10 \end{bmatrix} \quad \begin{array}{l} (② + (-2) \times ①, \\ ③ + (-1) \times ①) \end{array}$$

$$\rightarrow \begin{bmatrix} 1 & 3 & 5 & | & 3 \\ 0 & 1 & 1 & | & -1 \\ 0 & 1 & 1 & | & -1 \end{bmatrix} \quad \left(\left(-\frac{1}{10}\right) \times ②, \\ \left(-\frac{1}{10}\right) \times ③ \right)$$

$$\rightarrow \begin{bmatrix} 1 & 3 & 5 & | & 3 \\ 0 & 1 & 1 & | & -1 \\ 0 & 0 & 0 & | & 0 \end{bmatrix} \quad (③ + (-1) \times ②)$$

$$\rightarrow \begin{bmatrix} 1 & 0 & 2 & | & 6 \\ 0 & 1 & 1 & | & -1 \\ 0 & 0 & 0 & | & 0 \end{bmatrix} \quad (① + (-3) \times ②)$$

となって，これ以上先に進めなくなる．進めなくなったので，ここで連立方程式に戻すと，

$$\begin{cases} x + 0y + 2z = 6 & \cdots ① \\ 0x + y + z = -1 & \cdots ② \\ 0x + 0y + 0z = 0 & \cdots ③ \end{cases}$$

という式になる．3行目の式は，いつでも成り立つ当たり前の式なので，ないのと同じである．ここで，もし，$z = t$ とすれば（t は任意の値を取る），①，② から，x, y, z は，

$$\begin{cases} x = 6 - 2t \\ y = -1 - t \\ z = t \end{cases}$$

とかくことができる．t はどんな値を取ってもよいので，解は無数にある．このような t を**パラメータ**という．

　（**注意**）ここでは，$z = t$ としたが，他の取り方もある．例えば，$x = t$ とすると，

$$\begin{cases} x = t \\ y = -4 + \dfrac{t}{2} \\ z = 3 - \dfrac{t}{2} \end{cases}$$

となり，この解も前の解と同じものを表している．どの取り方が正しいということはないので，心配しなくてよい．ただし，上の連立方程式では，$z=t$ とおくと，分数を出さずに解をかくことができる．

解が無数にある連立方程式なんて，なんの役に立つのか，と思う人がいるかもしれないが，実は，非常に役に立つ．例えば，後々扱う「固有値」の章では，解が無数にある連立方程式が大活躍する．橋の固有振動も，解が無数にある連立方程式を調べることによって求めることができるのだ．大学で習う連立方程式が，中学・高校で習うものと決定的に違うのは，解が無数にある連立方程式がたくさん登場することである．

今やった計算を振り返ってみると，このような場合でも，基本変形を可能な限りやった上で，連立方程式に戻し，未知数のうちいくつか（ここでは z）をパラメータとして最後の式に代入して，未知数イコールの形にかき下せば，求める解が得られるということが分かる．

問 3
次の連立方程式を係数行列の基本変形を利用して解け．

$$\begin{cases} x + 2y = 5 \\ -x - 2z = -3 \\ 2x + 3y + z = 9 \end{cases}$$

3.2 連立方程式と係数行列のランク

解が無数にある連立方程式をもう少し詳しく考察するために，未知数の数を 1 つ増やして 4 つにしてみる．

次の連立方程式を考えよう．

例11

$$\begin{cases} x + y + 3z - w = -2 \\ -2x - y - 5z + 4w = 0 \\ 2x + 4y + 8z + 2w = -12 \\ 2x - y + 3z - 8w = 8 \end{cases}$$

さっそく，係数行列に直して基本変形してみよう．以下，どのように変形しているか，自分で考えながら読み進んでほしい．

$$\begin{bmatrix} 1 & 1 & 3 & -1 & | & -2 \\ -2 & -1 & -5 & 4 & | & 0 \\ 2 & 4 & 8 & 2 & | & -12 \\ 2 & -1 & 3 & -8 & | & 8 \end{bmatrix} \rightarrow \begin{bmatrix} 1 & 1 & 3 & -1 & | & -2 \\ 0 & 1 & 1 & 2 & | & -4 \\ 0 & 2 & 2 & 4 & | & -8 \\ 0 & -3 & -3 & -6 & | & 12 \end{bmatrix}$$

$$\rightarrow \begin{bmatrix} 1 & 1 & 3 & -1 & | & -2 \\ 0 & 1 & 1 & 2 & | & -4 \\ 0 & 0 & 0 & 0 & | & 0 \\ 0 & 0 & 0 & 0 & | & 0 \end{bmatrix}$$

$$\rightarrow \begin{bmatrix} 1 & 0 & 2 & -3 & | & 2 \\ 0 & 1 & 1 & 2 & | & -4 \\ 0 & 0 & 0 & 0 & | & 0 \\ 0 & 0 & 0 & 0 & | & 0 \end{bmatrix}$$

問4

各矢印に対し，どのような変形をしているかを述べよ．

これを連立方程式に直すと，次のようになる．3行目と4行目は当たり前の式なので，ないのと同じであることに注意．

$$\begin{cases} x + 2z - 3w = 2 \\ y + z + 2w = -4 \end{cases}$$

これは，

3.3 解が存在しない場合

$$\begin{cases} x = 2 - 2z + 3w \\ y = -4 - z - 2w \end{cases}$$

ここで，$z = t_1$, $w = t_2$ とすると，

$$\begin{cases} x = 2 - 2t_1 + 3t_2 \\ y = -4 - t_1 - 2t_2 \\ z = t_1 \\ w = t_2 \end{cases}$$

が解になることが分かる．

この例 11 では，4 つの方程式が並んでいたが，実質的には 2 つしかなかった．つまり，可能な限り変形した結果，係数行列には，0 でない数のある行が 2 行，すべてが 0 になる行が 2 行出てきた．このとき，0 でない数のある行の数を（係数）行列の**ランク**または**階数**という．

パラメータは，t_1, t_2 の 2 つであったから，次の等式が成り立っている．

$$\text{未知数の個数} - \text{ランク} = 4 - 2 = 2 = \text{パラメータの個数}$$

先ほど未知数が 3 つの場合の例を見たが，このときも，未知数の個数は 3，ランクは 2，パラメータの個数は $1(= 3-2)$ 個で，この等式が成り立っている．これは偶然ではなく，一般に次の等式が成り立つ．

定理 3.1

$$\text{未知数の個数} - \text{ランク} = \text{パラメータの個数}$$

3.3 解が存在しない場合

もう 1 つ例を見ておこう．次の連立方程式を考えよう．

例 12

$$\begin{cases} x + 2y + 3z = 3 \\ 4x + 5y + 6z = 5 \\ 6x + 9y + 12z = 12 \end{cases}$$

係数行列を基本変形してみると，次のようになる．

$$\begin{bmatrix} 1 & 2 & 3 & | & 3 \\ 4 & 5 & 6 & | & 5 \\ 6 & 9 & 12 & | & 12 \end{bmatrix} \rightarrow \begin{bmatrix} 1 & 2 & 3 & | & 3 \\ 0 & -3 & -6 & | & -7 \\ 0 & -3 & -6 & | & -6 \end{bmatrix}$$

$$\rightarrow \begin{bmatrix} 1 & 2 & 3 & | & 3 \\ 0 & -3 & -6 & | & -7 \\ 0 & 0 & 0 & | & 1 \end{bmatrix}$$

ここで 3 行目を方程式に直すと，

$$0x + 0y + 0z = 1$$

であるが，こんなことはあり得ないので，この連立方程式には，**解がない**のである．

このように解がない場合も，基本変形を利用することで判断できる．

第3章 章末問題

[**1**] 次の行列のランクを求めよ.

(1) $\begin{bmatrix} 1 & 2 & 3 \\ 1 & 3 & 5 \\ 0 & 2 & 3 \end{bmatrix}$ (2) $\begin{bmatrix} -2 & 3 & -3 \\ -3 & 6 & 0 \\ 1 & -1 & 3 \end{bmatrix}$ (3) $\begin{bmatrix} 1 & -2 & 1 \\ -2 & 4 & -2 \\ 1 & -2 & 1 \end{bmatrix}$

[**2**] 次の連立方程式を係数行列の基本変形を利用して解け.

(1) $\begin{cases} x - y + 2z = 0 \\ z = 1 \end{cases}$ (2) $\begin{cases} x + 3y - z = -3 \\ 2y - 2z = -4 \end{cases}$

(3) $\begin{cases} x - y - z = 1 \\ 3x - 2y - z = 4 \end{cases}$ (4) $\begin{cases} x - 2y + 3z = 2 \\ 2x - 4y + 6z = 3 \end{cases}$

(5) $\begin{cases} 2x + 4y + 3z = 10 \\ 2x + 2y + z = 7 \end{cases}$ (6) $\begin{cases} -2x - 5y + z = 0 \\ x + 3y - z = 0 \end{cases}$

(7) $\begin{cases} x - 2y - 5z = -4 \\ x + z = -2 \\ 3y + 9z = 3 \end{cases}$ (8) $\begin{cases} x - y - z = 1 \\ 2x - y = 0 \\ -2x + 4y + 6z = -3 \end{cases}$

(9) $\begin{cases} x + y - 2z = 0 \\ 2x + 3y - 4z = -1 \\ 2x - 2y - 4z = 4 \end{cases}$ (10) $\begin{cases} 3x - 3y - 5z = 4 \\ 2x - 2y - 3z = 2 \\ -3x + 3y + 10z = -9 \end{cases}$

(11) $\begin{cases} x + 3y + 2z = 0 \\ -x - y - z = 0 \\ 3x - 5y - z = 0 \end{cases}$ (12) $\begin{cases} 2x - y - z = -4 \\ 2x + y + 2z = 3 \\ 2y + 3z = 2 \end{cases}$

(13) $\begin{cases} 2x + 3y - z = 10 \\ -3x - 4y + z = -14 \\ 2x + 4y - 2z = 12 \end{cases}$ (14) $\begin{cases} x - y + z = 1 \\ 2x - 2y + 2z = 2 \\ -x + y - z = -1 \end{cases}$

(15) $\begin{cases} 3x - z = 5 \\ 2x - y - 2z = 3 \\ x - 2y - 3z = 1 \end{cases}$ (16) $\begin{cases} x - 2y + 4z - 3w = -3 \\ x - y + 3z - 2w = -1 \\ 2x - 5y + 9z - 7w = -5 \end{cases}$

$(17)\begin{cases} x+2y-z = -1 \\ -2x-3y+z+w = 1 \\ 2x+2y-w = 1 \end{cases}$ $(18)\begin{cases} x-2y+2z-w = 0 \\ -x+2y-w = 0 \\ -2x+4y-z-w = 0 \\ x-2y+z = 0 \end{cases}$

[**3**] 次の連立方程式が, 解をもつための定数 c の条件を求めよ.

$$\begin{cases} x+2y = 3 \\ -2x+cy = 2 \end{cases}$$

[**4**] 連立方程式

$$\begin{cases} x-2y+2z = 3 \\ x-y+cz = 2 \\ 2x+cy-z = 1 \end{cases}$$

について (1) 解が 1 つ, (2) 解が無数にある, (3) 解がない, となるようにそれぞれの定数 c の条件を求めよ.

第4章 行列と行列の演算

第1章で，行列には自然に演算が定義できると述べた．

行列の演算のうち，足し算，引き算とスカラー倍の定義は非常に簡単である．まず，これらを説明しよう．

以下，行列 A, B は，型が同じ（A の行の数，列の数と B の行の数，列の数がそれぞれ等しいこと）で，対応する成分がすべて等しいとき，$A = B$ とかく．

4.1 行列の和と差，スカラー倍

行列 A, B の型が同じであれば，足し算，引き算が定義できる．つまり，対応する成分同士を足したものが，$A + B$，引いたものが，$A - B$ である．

例を挙げよう．

例 13

$$A = \begin{bmatrix} 2 & 5 & -2 \\ 1 & 7 & 5 \end{bmatrix}, \quad B = \begin{bmatrix} -1 & 2 & 3 \\ 1 & 2 & 2 \end{bmatrix}$$

に対しては，いずれも 2×3 型であり，それぞれ，

$$A + B = \begin{bmatrix} 2+(-1) & 5+2 & -2+3 \\ 1+1 & 7+2 & 5+2 \end{bmatrix} = \begin{bmatrix} 1 & 7 & 1 \\ 2 & 9 & 7 \end{bmatrix}$$

$$A - B = \begin{bmatrix} 2-(-1) & 5-2 & -2-3 \\ 1-1 & 7-2 & 5-2 \end{bmatrix} = \begin{bmatrix} 3 & 3 & -5 \\ 0 & 5 & 3 \end{bmatrix}$$

と計算する．

すべての成分が 0 である行列を**零行列**（ゼロ）といい，O で表す．

$$O = \begin{bmatrix} 0 & 0 & \cdots & 0 \\ 0 & 0 & \cdots & 0 \\ \vdots & \vdots & & \vdots \\ 0 & 0 & \cdots & 0 \end{bmatrix}$$

O は，普通の数における 0 と同じ役割を果たす．つまり，A と同じ型の零行列 O に対して，

$$A + O = O + A = A$$

が成り立つ．特に，すべての成分が 0 のベクトルを**零ベクトル**と呼び，$\mathbf{0}$ で表すこととする．

また，行列 A に対して，すべての成分の符号を逆にしたものを $-A$ とかくと，$A + (-A) = (-A) + A = O$ となる．

スカラーとは，実数や複素数のことであり，行列やベクトルとは区別される．ベクトルは太字の小文字で表現したが，スカラーは，普通，小文字で表現する．行列 A のすべての成分を k 倍したものを，行列 A の k 倍といい，kA で表す．これを行列の**スカラー倍**という．例えば，先に挙げた行列 A の 3 倍は，以下のようになる．

例 14

$$3A = 3\begin{bmatrix} 2 & 5 & -2 \\ 1 & 7 & 5 \end{bmatrix} = \begin{bmatrix} 3\cdot 2 & 3\cdot 5 & 3\cdot(-2) \\ 3\cdot 1 & 3\cdot 7 & 3\cdot 5 \end{bmatrix} = \begin{bmatrix} 6 & 15 & -6 \\ 3 & 21 & 15 \end{bmatrix}$$

問 5

次の行列の計算をせよ．

(1) $\begin{bmatrix} 2 & 0 & 2 \\ 1 & -1 & 3 \end{bmatrix} + \begin{bmatrix} -1 & 2 & 1 \\ 5 & -1 & 0 \end{bmatrix}$

(2) $\begin{bmatrix} 2 & 4 \\ -1 & 1 \\ 0 & -1 \end{bmatrix} - 2\begin{bmatrix} 1 & -2 \\ 2 & 0 \\ -1 & 1 \end{bmatrix}$

4.2 行列の積

行列の積は，足し算，引き算，スカラー倍よりもちょっとややこしい．
第 1 章で，

$$\begin{cases} 3x + 4y + 7z - 4w = 3 \\ x - 2y + 5z + 3w = 4 \\ 2x + y + z + 8w = 4 \\ 5x + 5y + 8z + 4w = 7 \end{cases}$$

を行列とベクトルで表すと，次のようにかくことができると述べた．

$$\begin{bmatrix} 3 & 4 & 7 & -4 \\ 1 & -2 & 5 & 3 \\ 2 & 1 & 1 & 8 \\ 5 & 5 & 8 & 4 \end{bmatrix} \begin{bmatrix} x \\ y \\ z \\ w \end{bmatrix} = \begin{bmatrix} 3 \\ 4 \\ 4 \\ 7 \end{bmatrix}$$

この意味を説明することから始めよう．

まず，連立方程式と，その行列表示をじっと眺めてみよう．これを「掛け算」と思って眺めてみると，計算の規則が見えてくるだろう．

左辺の行列の 1 行目と未知数の縦ベクトルを見てほしい．

$$\begin{bmatrix} 3 & 4 & 7 & -4 \end{bmatrix} \begin{bmatrix} x \\ y \\ z \\ w \end{bmatrix} = \begin{bmatrix} 3x + 4y + 7z - 4w \end{bmatrix}$$

2 行目，3 行目，4 行目も見てみよう．

$$\begin{bmatrix} 1 & -2 & 5 & 3 \end{bmatrix} \begin{bmatrix} x \\ y \\ z \\ w \end{bmatrix} = \begin{bmatrix} x - 2y + 5z + 3w \end{bmatrix}$$

$$\begin{bmatrix} 2 & 1 & 1 & 8 \end{bmatrix} \begin{bmatrix} x \\ y \\ z \\ w \end{bmatrix} = \begin{bmatrix} 2x + y + z + 8w \end{bmatrix}$$

$$\begin{bmatrix} & & & \\ & & & \\ 5 & 5 & 8 & 4 \end{bmatrix} \begin{bmatrix} x \\ y \\ z \\ w \end{bmatrix} = \begin{bmatrix} \\ \\ \\ 5x+5y+8z+4w \end{bmatrix}$$

もう計算の仕組みが分かったのではないだろうか．つまり，**同じ順番にある行列の行の成分とベクトルの成分を掛けて足している**のである．

さて次に，2つの連立方程式をまとめて表現することを考えよう．未知数が4つあるとかくのが面倒なので，1つ減らして3つの場合を例として考えよう．

例15

$$\begin{bmatrix} 3 & 4 & 7 \\ 1 & -2 & 5 \\ 2 & 1 & 1 \end{bmatrix} \begin{bmatrix} x \\ y \\ z \end{bmatrix} = \begin{bmatrix} 3 \\ 4 \\ 4 \end{bmatrix}$$

$$\begin{bmatrix} 3 & 4 & 7 \\ 1 & -2 & 5 \\ 2 & 1 & 1 \end{bmatrix} \begin{bmatrix} p \\ q \\ r \end{bmatrix} = \begin{bmatrix} 3 \\ 5 \\ 7 \end{bmatrix}$$

は，2つの連立方程式を行列の積で表したものである．左辺の 3×3 行列は全く同じであることに注意しよう．これをまとめて，次のようにかく．

$$\begin{bmatrix} 3 & 4 & 7 \\ 1 & -2 & 5 \\ 2 & 1 & 1 \end{bmatrix} \begin{bmatrix} x & p \\ y & q \\ z & r \end{bmatrix} = \begin{bmatrix} 3 & 3 \\ 4 & 5 \\ 4 & 7 \end{bmatrix}$$

計算の規則はさっきと同じである．ただ，縦ベクトルが2つ並んだことで行列になっていることに注意しよう．

この調子でもっと一般の行列の積を定義することができる．積を考える上で重要なことは，ちゃんと掛け算ができるようになっているかということだ．例えば，以下のような行列の積は定義できない．

4.2 行列の積

例 16

$$\begin{bmatrix} 1 & 2 & 3 \\ 4 & 5 & 6 \\ 7 & 8 & 9 \end{bmatrix} \begin{bmatrix} 1 & 2 & 3 \\ 4 & 5 & 6 \end{bmatrix}$$

実際,計算してみようと思うと,最初に,

$$1 \times 1 + 2 \times 4 + 3 \times ? = ???$$

ということになってしまう.前にきている行列の列の数が 3 なのに,後ろの行列の行の数が 2 しかないので掛け算ができないのだ.

つまり,行列 A と行列 B の積 AB が定義できるためには,

$$A \text{ の列の数} = B \text{ の行の数}$$

となっていなければならない.

掛け算の練習をしてみよう.上に挙げた例の積の順序を入れ替えたものを考える.

例 17

$$\begin{bmatrix} 1 & 2 & 3 \\ 4 & 5 & 6 \end{bmatrix} \begin{bmatrix} 1 & 2 & 3 \\ 4 & 5 & 6 \\ 7 & 8 & 9 \end{bmatrix}$$

このときは,左の行列の列の数,右の行列の行の数がともに 3 であることにより,ちゃんと掛け算ができる条件がみたされていることに注意しよう.

$$\begin{bmatrix} \mathbf{1} & \mathbf{2} & \mathbf{3} \\ \mathbf{4} & \mathbf{5} & \mathbf{6} \end{bmatrix} \begin{bmatrix} 1 & 2 & 3 \\ 4 & 5 & 6 \\ 7 & 8 & 9 \end{bmatrix}$$

$$= \begin{bmatrix} \mathbf{1}\cdot 1 + \mathbf{2}\cdot 4 + \mathbf{3}\cdot 7 & \mathbf{1}\cdot 2 + \mathbf{2}\cdot 5 + \mathbf{3}\cdot 8 & \mathbf{1}\cdot 3 + \mathbf{2}\cdot 6 + \mathbf{3}\cdot 9 \\ \mathbf{4}\cdot 1 + \mathbf{5}\cdot 4 + \mathbf{6}\cdot 7 & \mathbf{4}\cdot 2 + \mathbf{5}\cdot 5 + \mathbf{6}\cdot 8 & \mathbf{4}\cdot 3 + \mathbf{5}\cdot 6 + \mathbf{6}\cdot 9 \end{bmatrix}$$

$$= \begin{bmatrix} 30 & 36 & 42 \\ 66 & 81 & 96 \end{bmatrix}$$

この例を見ても分かるように，行列 A, B に対して，積 AB が定義できても，積 BA が定義できるとは限らない．

問 6

次の行列の計算をせよ．

$$\begin{bmatrix} 1 & -1 & 0 \\ 2 & 1 & 1 \end{bmatrix} \begin{bmatrix} -1 & 3 \\ 2 & 1 \\ 0 & -2 \end{bmatrix}$$

行と列の数が等しい行列を**正方行列**という．特に，$n \times n$ 型の行列を n 次の正方行列と呼ぶこととする．同じ型の 2 つの正方行列 A, B に対しては，AB, BA がともに定義できるが，普通の数とは違って，$AB = BA$ が成り立つとは限らない．

例を見てみよう．

例 18

$$A = \begin{bmatrix} 0 & 1 \\ 1 & 0 \end{bmatrix}, \quad B = \begin{bmatrix} 0 & 0 \\ 1 & 0 \end{bmatrix}$$

に対して，AB, BA を計算してみよう．

$$AB = \begin{bmatrix} 0 & 1 \\ 1 & 0 \end{bmatrix} \begin{bmatrix} 0 & 0 \\ 1 & 0 \end{bmatrix} = \begin{bmatrix} 1 & 0 \\ 0 & 0 \end{bmatrix}$$

$$BA = \begin{bmatrix} 0 & 0 \\ 1 & 0 \end{bmatrix} \begin{bmatrix} 0 & 1 \\ 1 & 0 \end{bmatrix} = \begin{bmatrix} 0 & 0 \\ 0 & 1 \end{bmatrix}$$

となり，$AB \neq BA$ になっている．

4.2 行列の積

問7

2×2 行列で,
$$A \neq O, \quad B \neq O$$
であるにもかかわらず,
$$AB = O$$
となる例をつくれ.

問8

2×2 行列で,
$$A \neq O, \quad A^2 = O$$
となる例をつくれ.

このように，行列の積は，普通の数では起きないような奇妙なことがよく起きる．
これ以外の数の演算で成り立つ性質は次のように行列の演算についても成り立つ．これらは定義によって確かめられる．

- (和の性質) $A + B = B + A$, $A + O = O + A = A$, $(A + B) + C = A + (B + C)$
- (積の結合法則)
  $(AB)C = A(BC)$
- (スカラー倍) $0A = O$, $1A = A$, $(ab)A = a(bA)$, $(aA)B = a(AB)$
- (分配法則) $a(A + B) = aA + aB$, $(a + b)A = aA + bA$, $A(B + C) = AB + AC$, $(A + B)C = AC + BC$

ここで A, B, C は行列，a, b はスカラーであり，すべての演算が定義できるものとする．

4.3 ブロック行列

$$A = \begin{bmatrix} a_{11} & a_{12} & a_{13} & a_{14} & a_{15} & a_{16} \\ a_{21} & a_{22} & a_{23} & a_{24} & a_{25} & a_{26} \\ a_{31} & a_{32} & a_{33} & a_{34} & a_{35} & a_{36} \\ a_{41} & a_{42} & a_{43} & a_{44} & a_{45} & a_{46} \\ a_{51} & a_{52} & a_{53} & a_{54} & a_{55} & a_{56} \\ a_{61} & a_{62} & a_{63} & a_{64} & a_{65} & a_{66} \end{bmatrix}$$

このように，行列 A をいくつかの縦線と横線で区切ることを**行列の分割**という．区切られた部分を A の**小行列**または**ブロック行列**という．このように行列をいくつかのブロックに分けて考えると便利なことがある．

話を簡単にするために，2×2 に分割した場合を考えよう．

$$A = \begin{bmatrix} a_{11} & a_{12} & a_{13} & a_{14} \\ a_{21} & a_{22} & a_{23} & a_{24} \\ a_{31} & a_{32} & a_{33} & a_{34} \\ a_{41} & a_{42} & a_{43} & a_{44} \end{bmatrix} = \begin{bmatrix} A_{11} & A_{12} \\ A_{21} & A_{22} \end{bmatrix}$$

$$B = \begin{bmatrix} b_{11} & b_{12} \\ b_{21} & b_{22} \\ b_{31} & b_{32} \\ b_{41} & b_{42} \end{bmatrix} = \begin{bmatrix} B_{11} & B_{12} \\ B_{21} & B_{22} \end{bmatrix}$$

という行列を考えよう．AB を成分計算で計算してみると，

$$\begin{bmatrix} a_{11} & a_{12} & a_{13} & a_{14} \\ a_{21} & a_{22} & a_{23} & a_{24} \\ a_{31} & a_{32} & a_{33} & a_{34} \\ a_{41} & a_{42} & a_{43} & a_{44} \end{bmatrix} \begin{bmatrix} b_{11} & b_{12} \\ b_{21} & b_{22} \\ b_{31} & b_{32} \\ b_{41} & b_{42} \end{bmatrix}$$

$$= \begin{bmatrix} a_{11}b_{11} + a_{12}b_{21} + a_{13}b_{31} + a_{14}b_{41} & a_{11}b_{12} + a_{12}b_{22} + a_{13}b_{32} + a_{14}b_{42} \\ a_{21}b_{11} + a_{22}b_{21} + a_{23}b_{31} + a_{24}b_{41} & a_{21}b_{12} + a_{22}b_{22} + a_{23}b_{32} + a_{24}b_{42} \\ a_{31}b_{11} + a_{32}b_{21} + a_{33}b_{31} + a_{34}b_{41} & a_{31}b_{12} + a_{32}b_{22} + a_{33}b_{32} + a_{34}b_{42} \\ a_{41}b_{11} + a_{42}b_{21} + a_{43}b_{31} + a_{44}b_{41} & a_{41}b_{12} + a_{42}b_{22} + a_{43}b_{32} + a_{44}b_{42} \end{bmatrix}$$

4.3 ブロック行列

$$= \left[\begin{array}{c|c} A_{11}B_{11} + A_{12}B_{21} & A_{11}B_{12} + A_{12}B_{22} \\ \hline A_{21}B_{11} + A_{22}B_{21} & A_{21}B_{12} + A_{22}B_{22} \end{array} \right]$$

となって，通常の行列の計算と同じように，

$$\left[\begin{array}{c|c} A_{11} & A_{12} \\ \hline A_{21} & A_{22} \end{array} \right] \left[\begin{array}{c|c} B_{11} & B_{12} \\ \hline B_{21} & B_{22} \end{array} \right] = \left[\begin{array}{c|c} A_{11}B_{11} + A_{12}B_{21} & A_{11}B_{12} + A_{12}B_{22} \\ \hline A_{21}B_{11} + A_{22}B_{21} & A_{21}B_{12} + A_{22}B_{22} \end{array} \right]$$

となることが分かる．これは 2×2 に分割した場合に限らず一般に正しい．ただし，分割して掛け算する場合は，対応するブロック同士が掛け算できる形になっていなければならない．このように，ブロック単位で操作するといろいろと便利なことがある．ここでは掛け算を例に出したが，対応する行列の型が同じ場合は，足し算，引き算などもブロックごとにできる．

例 19

行列の分割を用いて以下の積を計算をせよ．

$$\begin{bmatrix} 1 & 2 & 0 & -1 \\ 3 & 4 & 1 & 2 \\ 0 & 0 & 2 & -3 \\ 0 & 0 & 1 & 1 \end{bmatrix} \begin{bmatrix} -1 & 0 & 0 & 0 \\ 4 & 1 & 0 & 0 \\ 1 & 2 & 1 & -2 \\ 2 & 1 & 2 & 3 \end{bmatrix}$$

[解説]

$$\left[\begin{array}{cc|cc} 1 & 2 & 0 & -1 \\ 3 & 4 & 1 & 2 \\ \hline 0 & 0 & 2 & -3 \\ 0 & 0 & 1 & 1 \end{array} \right] \left[\begin{array}{cc|cc} -1 & 0 & 0 & 0 \\ 4 & 1 & 0 & 0 \\ \hline 1 & 2 & 1 & -2 \\ 2 & 1 & 2 & 3 \end{array} \right]$$

のように分割し，ブロックをそれぞれ計算する．まず，(1, 1) ブロックは，

$$\begin{bmatrix} 1 & 2 \\ 3 & 4 \end{bmatrix} \begin{bmatrix} -1 & 0 \\ 4 & 1 \end{bmatrix} + \begin{bmatrix} 0 & -1 \\ 1 & 2 \end{bmatrix} \begin{bmatrix} 1 & 2 \\ 2 & 1 \end{bmatrix}$$

$$= \begin{bmatrix} 7 & 2 \\ 13 & 4 \end{bmatrix} + \begin{bmatrix} -2 & -1 \\ 5 & 4 \end{bmatrix} = \begin{bmatrix} 5 & 1 \\ 18 & 8 \end{bmatrix}$$

となる．零行列との積は零行列になることに注意すると，$(1,2)$ ブロック，$(2,1)$ ブロック，$(2,2)$ ブロックはそれぞれ，

$$\begin{bmatrix} 0 & -1 \\ 1 & 2 \end{bmatrix} \begin{bmatrix} 1 & -2 \\ 2 & 3 \end{bmatrix} = \begin{bmatrix} -2 & -3 \\ 5 & 4 \end{bmatrix}$$

$$\begin{bmatrix} 2 & -3 \\ 1 & 1 \end{bmatrix} \begin{bmatrix} 1 & 2 \\ 2 & 1 \end{bmatrix} = \begin{bmatrix} -4 & 1 \\ 3 & 3 \end{bmatrix}$$

$$\begin{bmatrix} 2 & -3 \\ 1 & 1 \end{bmatrix} \begin{bmatrix} 1 & -2 \\ 2 & 3 \end{bmatrix} = \begin{bmatrix} -4 & -13 \\ 3 & 1 \end{bmatrix}$$

となるので，求める行列は，

$$\left[\begin{array}{cc|cc} 5 & 1 & -2 & -3 \\ 18 & 8 & 5 & 4 \\ \hline -4 & 1 & -4 & -13 \\ 3 & 3 & 3 & 1 \end{array} \right] = \begin{bmatrix} 5 & 1 & -2 & -3 \\ 18 & 8 & 5 & 4 \\ -4 & 1 & -4 & -13 \\ 3 & 3 & 3 & 1 \end{bmatrix}$$

となる．□

問 9
上の例について，普通に積の計算をしたときと答が一致することを確認せよ．

ここまで，足し算，引き算，スカラー倍，掛け算を見てきたが，**割り算は一般にはできない**．この問題は次章で詳しく扱う．

第4章 章末問題

[**1**] 次の等式をみたす a, b, c, d を求めよ．

(1) $\begin{bmatrix} a-1 & b \\ 0 & -3 \end{bmatrix} = \begin{bmatrix} 3 & 5 \\ c+2 & d \end{bmatrix}$

(2) $\begin{bmatrix} c & 3b \\ 2d & 2a \end{bmatrix} = \begin{bmatrix} a-2 & 6 \\ d+3 & c+6 \end{bmatrix}$

[**2**] 次の行列の計算をせよ．

(1) $\begin{bmatrix} 2 & -1 \\ 1 & 0 \end{bmatrix} + \begin{bmatrix} 5 & 1 \\ -1 & 1 \end{bmatrix}$
(2) $\begin{bmatrix} 2 & 1 \\ -1 & 6 \\ -4 & 2 \end{bmatrix} - \begin{bmatrix} 3 & -2 \\ -1 & 0 \\ 3 & 2 \end{bmatrix}$

(3) $2\begin{bmatrix} 1 & 0 & -2 \\ 2 & -1 & 3 \end{bmatrix} + \begin{bmatrix} -3 & 2 & 4 \\ 2 & 0 & -1 \end{bmatrix}$

(4) $\begin{bmatrix} 2 & -3 & 0 \\ -1 & 1 & 2 \end{bmatrix} - 3\begin{bmatrix} 2 & -4 & 2 \\ -1 & 0 & 1 \end{bmatrix}$

(5) $\begin{bmatrix} 2 & 4 & -1 \\ 3 & 1 & 0 \end{bmatrix} \begin{bmatrix} 1 & -1 \\ 0 & 3 \\ 2 & 1 \end{bmatrix}$
(6) $\begin{bmatrix} 1 & 0 & -2 \end{bmatrix} \begin{bmatrix} 3 \\ 1 \\ 5 \end{bmatrix}$

(7) $\begin{bmatrix} 3 \\ 1 \\ 5 \end{bmatrix} \begin{bmatrix} 1 & 0 & -2 \end{bmatrix}$
(8) $\begin{bmatrix} 2 & 1 & -1 \\ 0 & 2 & 1 \\ 1 & -1 & 3 \end{bmatrix} \begin{bmatrix} a \\ b \\ c \end{bmatrix}$

(9) $\begin{bmatrix} 1 & -1 & 1 \\ 3 & -2 & 4 \\ 2 & -5 & -1 \end{bmatrix} \begin{bmatrix} -2 & 4 \\ -1 & 2 \\ 1 & -2 \end{bmatrix}$

(10) $\begin{bmatrix} 1 & 3 & -2 \end{bmatrix} \left\{ \begin{bmatrix} 2 & -1 \\ 1 & 0 \\ 5 & -3 \end{bmatrix} - 2 \begin{bmatrix} 1 & 4 \\ 3 & 2 \\ -1 & 0 \end{bmatrix} \right\}$

[**3**] 次の問に答えよ．

(1) 次の行列の型をいえ．

$$A = \begin{bmatrix} 1 & 3 \\ -1 & 0 \end{bmatrix}, \ B = \begin{bmatrix} 2 \\ -1 \\ 0 \end{bmatrix}, \ C = \begin{bmatrix} 3 & -1 \\ 2 & 4 \\ 0 & 1 \end{bmatrix}, \ D = \begin{bmatrix} 1 & -3 & -1 \end{bmatrix}$$

(2) これらの行列のうち，積が定義できる組み合わせをすべて求めよ．

(3) (2) で求めた組み合わせの積を計算せよ．

[**4**] n 次の正方行列 $A = [a_{ij}]$ が上三角行列であるとは $a_{ij} = 0 \ (i > j)$ となるときをいう．上三角行列同士の和，差，積は上三角行列であることを示せ．

[**5**] 行列の積が定義できるとき

$$(AB)C = A(BC) \ (積の結合法則)$$

という性質があった．

$$A = \begin{bmatrix} 2 & 1 & -1 \\ 0 & -1 & 2 \end{bmatrix}, \ B = \begin{bmatrix} 1 & -2 & -1 \\ 0 & 3 & -2 \\ 2 & 1 & 3 \end{bmatrix}, \ C = \begin{bmatrix} 2 \\ 3 \\ -1 \end{bmatrix}$$

について，$(AB)C$, $A(BC)$ を計算し，結合法則が正しいことを確かめよ．

[**6**] 次の行列に対して，$AB = BA$ となる a, b を求めよ．

$$A = \begin{bmatrix} 2 & 1 \\ -1 & 1 \end{bmatrix}, \ B = \begin{bmatrix} -1 & 3 \\ a & b \end{bmatrix}$$

[**7**] 次の行列の積を行列の分割を利用して計算せよ．

$$\begin{bmatrix} 3 & -1 & 1 & 0 \\ 1 & 0 & 0 & 1 \\ 0 & 0 & 2 & 1 \\ 0 & 0 & -1 & 2 \end{bmatrix} \begin{bmatrix} 1 & 2 & 1 & 0 \\ -2 & 1 & 0 & 1 \\ 0 & 0 & 3 & 2 \\ 0 & 0 & -1 & 1 \end{bmatrix}$$

[**8**] A_1, A_2 を n 次の正方行列，B_1, B_2 を m 次の正方行列とするとき

$$\left[\begin{array}{c|c} A_1 & O \\ \hline O & B_1 \end{array}\right] \left[\begin{array}{c|c} A_2 & O \\ \hline O & B_2 \end{array}\right] = \left[\begin{array}{c|c} A_1 A_2 & O \\ \hline O & B_1 B_2 \end{array}\right]$$

であることを示せ．

第5章 逆行列

行列については，「割り算は一般にできない」とかいたが，この事情を説明しよう．

5.1 逆行列の定義

線形代数の目的の1つは，連立方程式を解くことであるが，これは，先に述べたように，基本変形で解くことができた．一方，連立方程式は，行列と未知数を並べた縦ベクトルを用いて，

$$A\bm{x} = \bm{u} \tag{5.1}$$

とかくこともできる．ここで，A は正方行列で，この方程式がただ1つの解をもつと仮定しよう．普通の数と似たように考えるなら，両辺を A で**割って**，つまり，(左から) A^{-1} を**掛けて**

$$\bm{x} = A^{-1}\bm{u} \tag{5.2}$$

のようにできたら便利である．これが成り立つように，A^{-1} を決めることにしよう．

普通の (0 でない) 数 a の逆数 a^{-1} とは，

$$aa^{-1} = a^{-1}a = 1$$

となる数のことであった．A^{-1} を考えるために，行列の世界における 1（いち）を定義すると，

$$I = \begin{bmatrix} 1 & 0 & \cdots & 0 \\ 0 & 1 & \cdots & 0 \\ \vdots & \vdots & \ddots & \vdots \\ 0 & 0 & \cdots & 1 \end{bmatrix}$$

となる．これを**単位行列**という．実際，これは，行列の掛け算に関して普通の数の1の役割を果たす．つまり，同じ型の（正方）行列 A に対し，

が成り立つ．また，単位行列のスカラー倍 kI を**スカラー行列**という．

さて，数の場合を行列にかき換えて，A を正方行列とするとき，

$$AA^{-1} = A^{-1}A = I$$

となるように A^{-1} を決めればよい．この A^{-1} を A の**逆行列**という．ただし，逆行列は必ず存在するわけではない．

問 10

$$A = \begin{bmatrix} 2 & 3 & -1 \\ 1 & 4 & 0 \\ -2 & 2 & 3 \end{bmatrix}, I = \begin{bmatrix} 1 & 0 & 0 \\ 0 & 1 & 0 \\ 0 & 0 & 1 \end{bmatrix}$$

に対し，$AI = IA = A$ が成り立つことを確かめよ．

5.2 逆行列の計算

逆行列を求めるにはどうすればいいだろうか．一番簡単な例から始めよう．

例 20

$$A = \begin{bmatrix} 1 & 3 \\ -4 & -10 \end{bmatrix}$$

この A の逆行列を求める直接的な方法は，

$$\begin{bmatrix} 1 & 3 \\ -4 & -10 \end{bmatrix} \begin{bmatrix} x & y \\ z & w \end{bmatrix} = \begin{bmatrix} 1 & 0 \\ 0 & 1 \end{bmatrix}$$

となる x, y, z, w を求めることである．これは，2つの連立方程式

$$\begin{bmatrix} 1 & 3 \\ -4 & -10 \end{bmatrix} \begin{bmatrix} x \\ z \end{bmatrix} = \begin{bmatrix} 1 \\ 0 \end{bmatrix}, \begin{bmatrix} 1 & 3 \\ -4 & -10 \end{bmatrix} \begin{bmatrix} y \\ w \end{bmatrix} = \begin{bmatrix} 0 \\ 1 \end{bmatrix}$$

をまとめたものだから，それぞれを解いて4つの未知数を求めればよいことになる．
やるべきことは，基本変形だが，左の行列が全く同じ方程式を解くのだから，基本

5.2 逆行列の計算

変形はまとめて行ってよいはずだ．つまり，次の行列

$$\left[\begin{array}{rr|rr} 1 & 3 & 1 & 0 \\ -4 & -10 & 0 & 1 \end{array}\right]$$

を基本変形して，

$$\left[\begin{array}{rr|rr} 1 & 0 & x & y \\ 0 & 1 & z & w \end{array}\right]$$

の形にすれば，行列の右側に逆行列が現れることになる．

実際に計算してみよう．

$$\left[\begin{array}{rr|rr} 1 & 3 & 1 & 0 \\ -4 & -10 & 0 & 1 \end{array}\right] \to \left[\begin{array}{rr|rr} 1 & 3 & 1 & 0 \\ 0 & 2 & 4 & 1 \end{array}\right]$$

$$\to \left[\begin{array}{rr|rr} 1 & 3 & 1 & 0 \\ 0 & 1 & 2 & \frac{1}{2} \end{array}\right]$$

$$\to \left[\begin{array}{rr|rr} 1 & 0 & -5 & -\frac{3}{2} \\ 0 & 1 & 2 & \frac{1}{2} \end{array}\right]$$

となるので，A の逆行列は，

$$A^{-1} = \left[\begin{array}{rr} -5 & -\frac{3}{2} \\ 2 & \frac{1}{2} \end{array}\right]$$

となるはずである．実際，掛け算してみると，

$$\left[\begin{array}{rr} 1 & 3 \\ -4 & -10 \end{array}\right] \left[\begin{array}{rr} -5 & -\frac{3}{2} \\ 2 & \frac{1}{2} \end{array}\right]$$

$$= \left[\begin{array}{cc} 1 \cdot (-5) + 3 \cdot 2 & 1 \cdot \left(-\frac{3}{2}\right) + 3 \cdot \frac{1}{2} \\ (-4) \cdot (-5) + (-10) \cdot 2 & (-4) \cdot \left(-\frac{3}{2}\right) + (-10) \cdot \frac{1}{2} \end{array}\right]$$

$$= \begin{bmatrix} 1 & 0 \\ 0 & 1 \end{bmatrix}$$

行列では，掛け算の順序を入れ替えると答が変わってしまうかもしれないので，掛け算の順序を入れ替えて確認してみると，

$$\begin{bmatrix} -5 & -\frac{3}{2} \\ 2 & \frac{1}{2} \end{bmatrix} \begin{bmatrix} 1 & 3 \\ -4 & -10 \end{bmatrix}$$

$$= \begin{bmatrix} (-5) \cdot 1 + \left(-\frac{3}{2}\right) \cdot (-4) & (-5) \cdot 3 + \left(-\frac{3}{2}\right) \cdot (-10) \\ 2 \cdot 1 + \frac{1}{2} \cdot (-4) & 2 \cdot 3 + \frac{1}{2} \cdot (-10) \end{bmatrix}$$

$$= \begin{bmatrix} 1 & 0 \\ 0 & 1 \end{bmatrix}$$

となって，確かに逆行列になっていることが確認できる．

ここで，ちょっと不思議に思った人がいるかもしれない．行列では順序を変えて掛け算すると答が変わるのが普通なのだから，これは偶然なのではないか？

安心してほしい．これは偶然ではない．

定理 5.1
$AX = I$ となる行列 X が存在すれば，$XA = I$ となる

この証明には，もう少し準備がいるので，第 8 章で再び取り上げることにして，さしあたり，以下のやさしい事実を述べておこう．

定理 5.2
$AX = I$ となる行列 X と，$YA = I$ をみたす行列 Y は等しい

[解説] このとき，

$$X = IX = (YA)X = Y(AX) = YI = Y$$

となるから，$X = Y$ である．□

5.2 逆行列の計算

つまり，定理 5.1 より，$AX = I$ となる行列 X を求めておけば，自動的に，$XA = I$ になるのだ．また，定理 5.2 から，逆行列は存在したとしても，1 つしかないことが分かる．

問 11

$$A = \begin{bmatrix} a & b \\ c & d \end{bmatrix}$$

に対し，恒等式：

$$A^2 - (a+d)A + (ad-bc)I = O$$

を示せ．また，これを利用して，$ad - bc \neq 0$ であれば，A は逆行列をもち，

$$A^{-1} = \frac{1}{ad-bc} \begin{bmatrix} d & -b \\ -c & a \end{bmatrix}$$

であることを示せ．**これは公式として覚えておくとよい．**

逆行列の計算に慣れるために，もう 1 つ例を計算しておこう．

例 21

$$A = \begin{bmatrix} 1 & -2 & 1 \\ 2 & 0 & 3 \\ -1 & 1 & 2 \end{bmatrix}$$

の逆行列を求めてみよう．先ほどの例と同じように計算してみると，以下のようになる．

$$\begin{bmatrix} 1 & -2 & 1 & | & 1 & 0 & 0 \\ 2 & 0 & 3 & | & 0 & 1 & 0 \\ -1 & 1 & 2 & | & 0 & 0 & 1 \end{bmatrix}$$
$$\rightarrow \begin{bmatrix} 1 & -2 & 1 & | & 1 & 0 & 0 \\ 0 & 4 & 1 & | & -2 & 1 & 0 \\ 0 & -1 & 3 & | & 1 & 0 & 1 \end{bmatrix}$$

$$\rightarrow \begin{bmatrix} 1 & -2 & 1 & | & 1 & 0 & 0 \\ 0 & -1 & 3 & | & 1 & 0 & 1 \\ 0 & 4 & 1 & | & -2 & 1 & 0 \end{bmatrix}$$

$$\rightarrow \begin{bmatrix} 1 & -2 & 1 & | & 1 & 0 & 0 \\ 0 & 1 & -3 & | & -1 & 0 & -1 \\ 0 & 4 & 1 & | & -2 & 1 & 0 \end{bmatrix}$$

$$\rightarrow \begin{bmatrix} 1 & -2 & 1 & | & 1 & 0 & 0 \\ 0 & 1 & -3 & | & -1 & 0 & -1 \\ 0 & 0 & 13 & | & 2 & 1 & 4 \end{bmatrix}$$

$$\rightarrow \begin{bmatrix} 1 & -2 & 1 & | & 1 & 0 & 0 \\ 0 & 1 & -3 & | & -1 & 0 & -1 \\ 0 & 0 & 1 & | & \frac{2}{13} & \frac{1}{13} & \frac{4}{13} \end{bmatrix}$$

$$\rightarrow \begin{bmatrix} 1 & -2 & 0 & | & \frac{11}{13} & -\frac{1}{13} & -\frac{4}{13} \\ 0 & 1 & 0 & | & -\frac{7}{13} & \frac{3}{13} & -\frac{1}{13} \\ 0 & 0 & 1 & | & \frac{2}{13} & \frac{1}{13} & \frac{4}{13} \end{bmatrix}$$

$$\rightarrow \begin{bmatrix} 1 & 0 & 0 & | & -\frac{3}{13} & \frac{5}{13} & -\frac{6}{13} \\ 0 & 1 & 0 & | & -\frac{7}{13} & \frac{3}{13} & -\frac{1}{13} \\ 0 & 0 & 1 & | & \frac{2}{13} & \frac{1}{13} & \frac{4}{13} \end{bmatrix}$$

となるから，求める逆行列は，

$$A^{-1} = \begin{bmatrix} -\frac{3}{13} & \frac{5}{13} & -\frac{6}{13} \\ -\frac{7}{13} & \frac{3}{13} & -\frac{1}{13} \\ \frac{2}{13} & \frac{1}{13} & \frac{4}{13} \end{bmatrix}$$

となる．

もう1つ例を挙げよう．

5.2 逆行列の計算

例 22

$$A = \begin{bmatrix} 1 & 3 & 2 \\ -1 & 2 & 1 \\ 1 & 8 & 5 \end{bmatrix}$$

の逆行列を計算しようとすると，

$$\begin{bmatrix} 1 & 3 & 2 & | & 1 & 0 & 0 \\ -1 & 2 & 1 & | & 0 & 1 & 0 \\ 1 & 8 & 5 & | & 0 & 0 & 1 \end{bmatrix}$$

$$\rightarrow \begin{bmatrix} 1 & 3 & 2 & | & 1 & 0 & 0 \\ 0 & 5 & 3 & | & 1 & 1 & 0 \\ 0 & 5 & 3 & | & -1 & 0 & 1 \end{bmatrix}$$

$$\rightarrow \begin{bmatrix} 1 & 3 & 2 & | & 1 & 0 & 0 \\ 0 & 5 & 3 & | & 1 & 1 & 0 \\ 0 & 0 & 0 & | & -2 & -1 & 1 \end{bmatrix}$$

となって，3 行目の左半分がすべて 0 になり，これ以上変形できない．これは，A が逆行列をもたないことを意味する．

つまり，**基本変形を繰り返していき，もし，左側を単位行列にできなくなったら，その行列の逆行列は存在しない**，と結論することができるのだ．

問 12

次の行列の逆行列を求めよ．

$$\begin{bmatrix} 1 & 1 & 1 \\ 1 & 2 & 4 \\ 1 & -1 & -3 \end{bmatrix}$$

第5章 章末問題

[1] 次の行列は逆行列をもつか，もつなら逆行列を求めよ．

(1) $\begin{bmatrix} 2 & -7 \\ -1 & 3 \end{bmatrix}$
(2) $\begin{bmatrix} 4 & -2 \\ -2 & 1 \end{bmatrix}$
(3) $\begin{bmatrix} -1 & 2 \\ 1 & 5 \end{bmatrix}$

(4) $\begin{bmatrix} 1 & 2 & 1 \\ 1 & 2 & 0 \\ 0 & 1 & 1 \end{bmatrix}$
(5) $\begin{bmatrix} 4 & 3 & 0 \\ -2 & 0 & 1 \\ 1 & 2 & 1 \end{bmatrix}$

(6) $\begin{bmatrix} 1 & -2 & -4 \\ 0 & 2 & 3 \\ 1 & 2 & 2 \end{bmatrix}$
(7) $\begin{bmatrix} 1 & 0 & 2 \\ -1 & 3 & -2 \\ 1 & 2 & 1 \end{bmatrix}$

(8) $\begin{bmatrix} 3 & -5 & 6 \\ 2 & -6 & -4 \\ 1 & -2 & 1 \end{bmatrix}$

[2] 次の連立方程式の左辺の正方行列の逆行列を求め，そのことを利用して連立方程式を解け．

(1) $\begin{bmatrix} 3 & 2 & 0 \\ -4 & 2 & 3 \\ -1 & 1 & 1 \end{bmatrix} \begin{bmatrix} x \\ y \\ z \end{bmatrix} = \begin{bmatrix} 2 \\ -1 \\ 0 \end{bmatrix}$

(2) $\begin{bmatrix} 2 & -3 & 1 \\ -1 & 2 & -1 \\ 1 & -1 & 1 \end{bmatrix} \begin{bmatrix} x \\ y \\ z \end{bmatrix} = \begin{bmatrix} a \\ b \\ c \end{bmatrix}$

[3] 行列 A を n 次の正方行列とするとき，(i) A が逆行列をもつこと，と (ii) 任意の $\boldsymbol{u}$ に対して連立方程式 $A\boldsymbol{x} = \boldsymbol{u}$ は解を1つだけもつこと，が同値であることを示すため次の問に答えよ．

(1) (i)⇒(ii) を示せ．
(2) $A\boldsymbol{x} = \boldsymbol{u}$ が解を1つだけもつとき，n 個のベクトル

$$e_1 = \begin{bmatrix} 1 \\ 0 \\ \vdots \\ 0 \end{bmatrix},\ e_2 = \begin{bmatrix} 0 \\ 1 \\ \vdots \\ 0 \end{bmatrix},\ \cdots,\ e_n = \begin{bmatrix} 0 \\ \vdots \\ 0 \\ 1 \end{bmatrix}$$

に対し, $A\boldsymbol{x} = \boldsymbol{e}_i\ (i = 1, 2, \cdots, n)$ の解も 1 つずつとなる. このことを利用して (ii)⇒(i) を示せ.

なお, これら $\boldsymbol{e}_1, \boldsymbol{e}_2, \cdots, \boldsymbol{e}_n$ を n 次の**基本ベクトル**という.

[**4**] 次の逆行列に関する性質を示せ.
(1) A が逆行列をもつならば, A^{-1} も逆行列をもち $(A^{-1})^{-1} = A$ である.
(2) A, B がともに逆行列をもつならば, AB も逆行列をもち $(AB)^{-1} = B^{-1}A^{-1}$ である.

[**5**] A, B をともに n 次の正方行列とし, $AB = O$ かつ $B \neq O$ とする. このとき A は, 逆行列をもたないことを示せ.

第6章 行列式の定義と計算方法

6.1 2×2 行列の行列式

前章の問 11 で，$ad - bc \neq 0$ のとき，

$$A = \begin{bmatrix} a & b \\ c & d \end{bmatrix}$$

の逆行列が，

$$A^{-1} = \frac{1}{ad - bc} \begin{bmatrix} d & -b \\ -c & a \end{bmatrix}$$

と表されることを見た．ここに現れた

$$ad - bc$$

という式に注目しよう．これを 2×2 行列 A に対する**行列式** (determinant) と呼び，

$$\det A \text{ または } |A|$$

で表す．数学では，どちらの記号も使われるが，絶対値と区別したいときには，$\det A$ を使うことが多い．

しかし，計算のときに，いちいち det, det とかくのは面倒なので，本書では，特に断らない限り，$|A|$ を用いるものとする．

$$\begin{vmatrix} a & b \\ c & d \end{vmatrix} = ad - bc$$

問 13

次の行列式を計算せよ．
$$\begin{vmatrix} 2 & 1 \\ -1 & 2 \end{vmatrix}$$

この行列式のもつ性質を調べるところから始める．以下，列挙しよう．まず，**行列式は，ある行を k 倍して他の行に加えても値を変えない**．すなわち，

(性質 1) $\quad \begin{vmatrix} a & b \\ c+ka & d+kb \end{vmatrix} = \begin{vmatrix} a & b \\ c & d \end{vmatrix}$

(性質 1') $\quad \begin{vmatrix} a+kc & b+kd \\ c & d \end{vmatrix} = \begin{vmatrix} a & b \\ c & d \end{vmatrix}$

が成り立つ．これは簡単に確認できる．例えば，(性質 1) は，

$$\begin{vmatrix} a & b \\ c+ka & d+kb \end{vmatrix} = a(d+kb) - b(c+ka)$$
$$= ad + kab - bc - kab = ad - bc$$

となることが確かめられる．

問 14

(性質 1') を証明せよ．

以下の性質も重要である．つまり，行列式は，ある行を k 倍すると，値が k 倍になる．

(性質 2) $\quad \begin{vmatrix} ka & kb \\ c & d \end{vmatrix} = k \begin{vmatrix} a & b \\ c & d \end{vmatrix}$

(性質 2') $\quad \begin{vmatrix} a & b \\ kc & kd \end{vmatrix} = k \begin{vmatrix} a & b \\ c & d \end{vmatrix}$

6.1 2×2 行列の行列式

問 15

(性質 2), (性質 2′) を証明せよ.

そしてもう 1 つ. 行を入れ換えると符号が変わる（交代性）.

(性質 3) $\begin{vmatrix} c & d \\ a & b \end{vmatrix} = - \begin{vmatrix} a & b \\ c & d \end{vmatrix}$

問 16

(性質 3) を証明せよ.

（性質 1）から（性質 3）までは，行列式が基本変形でどのように値を変えるかを示している．連立方程式や逆行列の計算と違い，ある行を何倍かすると値が k 倍になることと，行を入れ替えると符号が変わることに注意しよう．

そして，次の性質も成り立つ．

(性質 4) $\begin{vmatrix} a+a' & b+b' \\ c & d \end{vmatrix} = \begin{vmatrix} a & b \\ c & d \end{vmatrix} + \begin{vmatrix} a' & b' \\ c & d \end{vmatrix}$

(性質 4′) $\begin{vmatrix} a & b \\ c+c' & d+d' \end{vmatrix} = \begin{vmatrix} a & b \\ c & d \end{vmatrix} + \begin{vmatrix} a & b \\ c' & d' \end{vmatrix}$

（性質 4）は，直接計算することで確かめられる．実際，

$$\begin{vmatrix} a+a' & b+b' \\ c & d \end{vmatrix} = (a+a')d - (b+b')c$$
$$= (ad - bc) + (a'd - b'c) = 右辺$$

となる．（性質 4′）も同様に確かめることができる．

実は，**これらすべての性質は，行だけでなく，列に関しても成り立つ**．
例えば，（性質 4），（性質 4′）の列バージョンは，

$$\begin{vmatrix} a+a' & b \\ c+c' & d \end{vmatrix} = \begin{vmatrix} a & b \\ c & d \end{vmatrix} + \begin{vmatrix} a' & b \\ c' & d \end{vmatrix}$$

$$\begin{vmatrix} a & b+b' \\ c & d+d' \end{vmatrix} = \begin{vmatrix} a & b \\ c & d \end{vmatrix} + \begin{vmatrix} a & b' \\ c & d' \end{vmatrix}$$

となる．
そして，計算からすぐに分かるが，単位行列の行列式の値は，

$$\text{(性質 5)} \quad \begin{vmatrix} 1 & 0 \\ 0 & 1 \end{vmatrix} = 1$$

となる．

6.2 行列式の定義

前節で挙げた性質はすべて 2×2 行列に関するものだが，**一般の正方行列 A に対しても，(性質1) から (性質5) までをみたすような A の関数が 1 つだけ存在する**ことが分かっている．この関数を A の行列式という．

定義 6.1

正方行列 A に対し，

1. ある行(列)を定数倍して他の行に加えても値が変わらない
2. ある行(列)を定数倍すると，値も同じ定数倍される
3. 2つの行(列)を入れ替えると符号が変わる
4. ある行(列)が和になっていたら，他の行(列)は同じで，それぞれの行(列)を取ったものの和に分かれる
5. 単位行列に対する値は 1 である

という性質をみたす関数を A の行列式といい，$|A|$ または $\det A$ で表す．ただし，4番目の性質から 1 番目の性質を導くことができる．

これらの性質を利用して，

例 23

$$\begin{vmatrix} 1 & 3 & -1 \\ 2 & 6 & 5 \\ 5 & 10 & 5 \end{vmatrix}$$

を計算してみよう．

$$\begin{vmatrix} 1 & 3 & -1 \\ 2 & 6 & 5 \\ 5 & 10 & 5 \end{vmatrix}$$

$$= 5 \begin{vmatrix} 1 & 3 & -1 \\ 2 & 6 & 5 \\ 1 & 2 & 1 \end{vmatrix} \quad ((\text{性質 2}) \text{ を利用})$$

$$= 5 \begin{vmatrix} 1 & 3 & -1 \\ 0 & 0 & 7 \\ 0 & -1 & 2 \end{vmatrix} \quad ((\text{性質 1}) \text{ を利用})$$

$$= -5 \begin{vmatrix} 1 & 3 & -1 \\ 0 & -1 & 2 \\ 0 & 0 & 7 \end{vmatrix} \quad ((\text{性質 3}) \text{ を利用})$$

$$= -(-5) \cdot 7 \begin{vmatrix} 1 & 3 & -1 \\ 0 & 1 & -2 \\ 0 & 0 & 1 \end{vmatrix} \quad ((\text{性質 2}) \text{ を利用})$$

$$= -(-5) \cdot 7 \begin{vmatrix} 1 & 3 & 0 \\ 0 & 1 & 0 \\ 0 & 0 & 1 \end{vmatrix} \quad ((\text{性質 1}) \text{ を利用})$$

$$= -(-5) \cdot 7 \begin{vmatrix} 1 & 0 & 0 \\ 0 & 1 & 0 \\ 0 & 0 & 1 \end{vmatrix} \quad ((\text{性質 5}) \text{ を利用})$$

$$= -(-5) \cdot 7 \cdot 1 = 35$$

問 17

次の行列式を計算せよ．

$$\begin{vmatrix} 1 & 2 & 1 \\ 3 & 0 & 1 \\ 2 & 2 & -4 \end{vmatrix}$$

計算上，以下の 2 つの定理は重要である．

定理 6.2

基本変形の途中で，すべて 0 の行(列)が現れたら，その行列式の値は 0 である．

[解説] 今，$|A|$ の計算の途中で，すべて 0 の行が現れたとしよう．すると，その行は，すべて 0 なのであるから，(性質 2) から 0 をくくり出すことができる．つまり，その行列式の値は 0 である．列についても同様である．□

定理 6.3

上三角行列の行列式は対角成分の積に等しい．つまり，以下が成り立つ．

$$\begin{vmatrix} a_{11} & a_{12} & a_{13} & \cdots & a_{1n} \\ 0 & a_{22} & a_{23} & \cdots & a_{2n} \\ 0 & 0 & a_{33} & \cdots & a_{3n} \\ \vdots & \vdots & & \ddots & \vdots \\ 0 & 0 & 0 & \cdots & a_{nn} \end{vmatrix} = a_{11} a_{22} a_{33} \cdots a_{nn}$$

[解説] まず，a_{nn} をくくり出して，

$$\begin{vmatrix} a_{11} & a_{12} & a_{13} & \cdots & a_{1n} \\ 0 & a_{22} & a_{23} & \cdots & a_{2n} \\ 0 & 0 & a_{33} & \cdots & a_{3n} \\ \vdots & \vdots & & \ddots & \vdots \\ 0 & 0 & 0 & \cdots & a_{nn} \end{vmatrix} = a_{nn} \begin{vmatrix} a_{11} & a_{12} & a_{13} & \cdots & a_{1n} \\ 0 & a_{22} & a_{23} & \cdots & a_{2n} \\ 0 & 0 & a_{33} & \cdots & a_{3n} \\ \vdots & \vdots & & \ddots & \vdots \\ 0 & 0 & 0 & \cdots & 1 \end{vmatrix}$$

と変形できる．ここで，基本変形を繰り返すと，

6.2 行列式の定義

$$a_{nn}\begin{vmatrix} a_{11} & a_{12} & a_{13} & \cdots & a_{1n} \\ 0 & a_{22} & a_{23} & \cdots & a_{2n} \\ 0 & 0 & a_{33} & \cdots & a_{3n} \\ \vdots & \vdots & & \ddots & \vdots \\ 0 & 0 & 0 & \cdots & 1 \end{vmatrix} = a_{nn}\begin{vmatrix} a_{11} & a_{12} & a_{13} & \cdots & 0 \\ 0 & a_{22} & a_{23} & \cdots & 0 \\ 0 & 0 & a_{33} & \cdots & 0 \\ \vdots & \vdots & & \ddots & \vdots \\ 0 & 0 & 0 & \cdots & 1 \end{vmatrix}$$

となる．ここで，右辺の行列は，

$$a_{nn}\begin{vmatrix} a_{11} & a_{12} & a_{13} & \cdots & a_{1\,n-1} & 0 \\ 0 & a_{22} & a_{23} & \cdots & a_{2\,n-1} & 0 \\ 0 & 0 & a_{33} & \cdots & a_{3\,n-1} & 0 \\ \vdots & \vdots & & \ddots & \vdots & \vdots \\ 0 & 0 & 0 & \cdots & a_{n-1\,n-1} & 0 \\ 0 & 0 & 0 & \cdots & 0 & 1 \end{vmatrix}$$

の形をしているから，今度は，$a_{n-1\,n-1}$ をくくり出すことができる．以下同様の操作を繰り返せば，最終的に上三角行列の行列式は，対角成分の積になることが分かる． □

したがって，行列式の計算に限れば，**上三角行列にまで変形しておけば，対角成分を掛けるだけで行列式の値が得られる**ことになり，その後の変形は不要である．

問 18

次の行列式を計算せよ．

$$\begin{vmatrix} 2 & 4 & -2 \\ 1 & 6 & -1 \\ -3 & 2 & 1 \end{vmatrix}$$

行列の分割に関する行列式の性質として，次の定理がある．

定理 6.4

A を m 次の正方行列，D を n 次の正方行列とするとき，

$$\begin{vmatrix} A & B \\ O & D \end{vmatrix} = \begin{vmatrix} A & O \\ C & D \end{vmatrix} = |A||D|$$

が成り立つ．特に，A を 1 次の正方行列と見ると，

$$\begin{vmatrix} a & a_{12} & \cdots & a_{11+n} \\ 0 & & & \\ \vdots & & D & \\ 0 & & & \end{vmatrix} = \begin{vmatrix} a & 0 & \cdots & 0 \\ a_{21} & & & \\ \vdots & & D & \\ a_{n+11} & & & \end{vmatrix} = a|D|$$

が成り立つ．

[**解説**] まず，A, D に対して，それぞれ単位行列への基本変形を考えると，1 行から m 行までの変形と，$m+1$ 行から $m+n$ 行までの変形から

$$\begin{vmatrix} A & B \\ O & D \end{vmatrix} = |A| \begin{vmatrix} I & B' \\ O & D \end{vmatrix} = |A||D| \begin{vmatrix} I & B' \\ O & I \end{vmatrix} = |A||D|$$

が成り立つ（ここで，B' は，1 行から m 行の変形で B が変化したもの）．後者についても，第 m 列を右隣の列と n 回入れ替えて，第 $m+n$ 列へ移動し，これを第 $m-1$ 列，$\cdots$，第 1 列と繰り返し，行に対しても同様の入れ替えを行うことで，

$$\begin{vmatrix} A & O \\ C & D \end{vmatrix} = (-1)^{nm} \begin{vmatrix} O & A \\ D & C \end{vmatrix} = (-1)^{nm}(-1)^{nm} \begin{vmatrix} D & C \\ O & A \end{vmatrix} = |A||D|$$

が成り立つ．□

問 19

次の行列式を計算せよ．

$$\begin{vmatrix} 2 & 3 & 1 & 0 \\ -1 & 2 & 2 & 5 \\ 0 & 0 & 4 & 1 \\ 0 & 0 & 3 & 1 \end{vmatrix}$$

行列式には，次の重要な性質がある．

6.2 行列式の定義

> **定理 6.5**
>
> n 次の正方行列 A, B に対し，以下の等式が成り立つ．
>
> $$|AB| = |A||B|$$

[解説] 今，A, B と n 次の単位行列 I を使って，次のような $2n$ 次の行列式を考える．

$$\begin{vmatrix} A & O \\ -I & B \end{vmatrix}$$

この行列式の値は，右上のブロックが零行列になっているので，定理 6.4 より $|A||B|$ と等しいことが分かる．

一方，下半分のブロックを A 倍して上半分のブロックに加えても行列式の値は変わらないから，

$$\begin{vmatrix} A & O \\ -I & B \end{vmatrix} = \begin{vmatrix} A + A(-I) & O + AB \\ -I & B \end{vmatrix}$$

$$= \begin{vmatrix} O & AB \\ -I & B \end{vmatrix}$$

$$= (-1)^n \begin{vmatrix} -I & B \\ O & AB \end{vmatrix} \quad (*)$$

$$= (-1)^n |-I||AB|$$

$$= (-1)^n \cdot (-1)^n |AB| = |AB| \quad (**)$$

となる．ここで，ブロックの入れ換えには n 回行を入れ換えなければならないので $(*)$ が成り立ち，$(**)$ は，$-I$ の対角成分はすべて -1 なので，$|-I| = (-1)^n$ となることから導かれる．

これらは，同じ行列式を計算した結果なので等しく，$|AB| = |A||B|$ となることが分かる．□

問 20

$$\begin{bmatrix} a^2 - bc & -a(b+c) \\ a(b+c) & a^2 - bc \end{bmatrix} = \begin{bmatrix} a & -b \\ b & a \end{bmatrix} \begin{bmatrix} a & -c \\ c & a \end{bmatrix}$$

を利用して，左辺の行列の行列式の値の因数分解を求めよ．

定理 6.4 では

$$\begin{vmatrix} A & B \\ O & D \end{vmatrix} = |A| \cdot |D|$$

となったが，これを一般化して

$$\begin{vmatrix} A & B \\ C & D \end{vmatrix} = |A| \cdot |D| - |B| \cdot |C|$$

とすることは**できない**．例えば，p.35 例 19 の掛け算の結果である 4×4 行列（p.36）

$$\begin{bmatrix} 5 & 1 & -2 & -3 \\ 18 & 8 & 5 & 4 \\ -4 & 1 & -4 & -13 \\ 3 & 3 & 3 & 1 \end{bmatrix}$$

の行列式の値は，定理 6.4 と定理 6.5 より 70 であるが，$|A| \cdot |D| - |B| \cdot |C|$ の値は 875 となり，全く異なる値になってしまう．

第6章 章末問題

[1] 次の行列式を計算せよ．

(1) $\begin{vmatrix} 2 & 1 \\ 1 & 4 \end{vmatrix}$

(2) $\begin{vmatrix} 0 & 2 \\ -1 & 5 \end{vmatrix}$

(3) $\begin{vmatrix} 5 & 10 & 5 \\ -2 & 3 & 2 \\ 3 & 6 & 15 \end{vmatrix}$

(4) $\begin{vmatrix} 3 & -2 & -2 \\ 9 & -2 & 0 \\ 6 & 2 & 2 \end{vmatrix}$

(5) $\begin{vmatrix} \frac{1}{6} & \frac{1}{3} & \frac{1}{6} \\ \frac{2}{3} & \frac{1}{2} & 0 \\ \frac{1}{3} & \frac{1}{2} & 1 \end{vmatrix}$

(6) $\begin{vmatrix} 3 & 1 & 2 \\ 0 & -1 & 2 \\ 0 & 3 & 1 \end{vmatrix}$

(7) $\begin{vmatrix} -5 & 1 & 2 \\ 1 & 0 & 0 \\ 2 & -3 & 0 \end{vmatrix}$

(8) $\begin{vmatrix} 1 & 2 & 1 \\ -1 & 1 & 2 \\ 2 & 1 & -1 \end{vmatrix}$

(9) $\begin{vmatrix} 3 & -1 & 1 \\ 1 & -1 & 3 \\ 4 & 2 & 1 \end{vmatrix}$

(10) $\begin{vmatrix} 2 & -1 & 3 \\ 1 & 3 & 1 \\ -3 & 2 & 5 \end{vmatrix}$

(11) $\begin{vmatrix} 1 & -1 & 1 & 2 \\ 2 & 1 & -1 & 1 \\ -1 & 0 & 1 & 1 \\ 3 & -2 & 2 & -1 \end{vmatrix}$

(12) $\begin{vmatrix} 1 & -1 & 2 & 1 \\ 2 & 1 & -4 & -1 \\ 0 & 0 & 1 & 0 \\ 0 & 0 & 5 & -3 \end{vmatrix}$

(13) $\begin{vmatrix} 5 & -15 & 10 & 15 \\ 0 & 2 & -5 & 4 \\ 2 & -7 & 5 & 0 \\ -10 & 4 & 2 & -2 \end{vmatrix}$

(14) $\begin{vmatrix} 1 & 1 & 1 & 1 \\ 1 & 2 & 3 & 4 \\ 1 & 4 & 9 & 16 \\ 1 & 8 & 27 & 64 \end{vmatrix}$

$$
(15)\quad \begin{vmatrix} 2 & 0 & 0 & 0 & 0 \\ -5 & 0 & 0 & 4 & 0 \\ 1 & 3 & 0 & 10 & 0 \\ 3 & -8 & 0 & 2 & 3 \\ -1 & 5 & 2 & -1 & 7 \end{vmatrix} \qquad (16)\quad \begin{vmatrix} 1 & -2 & 1 & -2 & 0 \\ 1 & -1 & -3 & -1 & 2 \\ 3 & -4 & -5 & -4 & 4 \\ 3 & -3 & 2 & 1 & 5 \\ 4 & -1 & 1 & 0 & -1 \end{vmatrix}
$$

[2] 行列式の計算において, 2つの行 (列) が等しいとき, その行列式の値は 0 であることを示せ.

[3]
$$
\begin{bmatrix} 2ab & b^2 & a^2 \\ a^2 & 2ab & b^2 \\ b^2 & a^2 & 2ab \end{bmatrix} = \begin{bmatrix} 0 & a & b \\ b & 0 & a \\ a & b & 0 \end{bmatrix}^2
$$

を利用して, 左辺の行列の行列式の値を求めよ.

[4] A, B を n 次の正方行列をするとき

$$
\begin{vmatrix} A & B \\ B & A \end{vmatrix} = |A+B||A-B|
$$

であることを示せ.

[5] A が逆行列をもつとき, $|A| \neq 0$ であることを示せ. また, このとき $|A^{-1}| = |A|^{-1}$ であることを示せ.

第7章 行列式の余因子展開

前章で行列式の成分が数字ばかりのときは計算ができるようになった．しかし，行列式が文字を含んでいるときは場合分けが多すぎてうまくいかないことがある．ここでは，そのような場合にもうまくいく方法を説明する．それが余因子展開である．

7.1 3×3 行列の行列式の余因子展開

最初に 3×3 の行列式を観察しよう．行列式の（**性質4**）より，

$$\begin{vmatrix} a_{11} & a_{12} & a_{13} \\ a_{21} & a_{22} & a_{23} \\ a_{31} & a_{32} & a_{33} \end{vmatrix}$$

$$= \begin{vmatrix} a_{11}+0 & 0+a_{12} & 0+a_{13} \\ a_{21} & a_{22} & a_{23} \\ a_{31} & a_{32} & a_{33} \end{vmatrix}$$

$$= \begin{vmatrix} a_{11} & 0 & 0 \\ a_{21} & a_{22} & a_{23} \\ a_{31} & a_{32} & a_{33} \end{vmatrix} + \begin{vmatrix} 0 & a_{12} & a_{13} \\ a_{21} & a_{22} & a_{23} \\ a_{31} & a_{32} & a_{33} \end{vmatrix}$$

$$= \begin{vmatrix} a_{11} & 0 & 0 \\ a_{21} & a_{22} & a_{23} \\ a_{31} & a_{32} & a_{33} \end{vmatrix} + \begin{vmatrix} 0 & a_{12} & 0 \\ a_{21} & a_{22} & a_{23} \\ a_{31} & a_{32} & a_{33} \end{vmatrix} + \begin{vmatrix} 0 & 0 & a_{13} \\ a_{21} & a_{22} & a_{23} \\ a_{31} & a_{32} & a_{33} \end{vmatrix}$$

という形に分解することができることに注意しよう．さらに，a_{11}, a_{12}, a_{13} をくくり出し，

$$= a_{11} \begin{vmatrix} 1 & 0 & 0 \\ a_{21} & a_{22} & a_{23} \\ a_{31} & a_{32} & a_{33} \end{vmatrix} + a_{12} \begin{vmatrix} 0 & 1 & 0 \\ a_{21} & a_{22} & a_{23} \\ a_{31} & a_{32} & a_{33} \end{vmatrix}$$

$$+ a_{13} \begin{vmatrix} 0 & 0 & 1 \\ a_{21} & a_{22} & a_{23} \\ a_{31} & a_{32} & a_{33} \end{vmatrix}$$

が得られる．第 2 項で第 1 列と第 2 列を入れ換え，第 3 項で第 2 列と第 3 列を入れ換え，さらに，第 1 列と第 2 列を入れ換えて 1 を (1,1) 成分にもってくると，

$$= a_{11} \begin{vmatrix} 1 & 0 & 0 \\ a_{21} & a_{22} & a_{23} \\ a_{31} & a_{32} & a_{33} \end{vmatrix} + (-1) \cdot a_{12} \begin{vmatrix} 1 & 0 & 0 \\ a_{22} & a_{21} & a_{23} \\ a_{32} & a_{31} & a_{33} \end{vmatrix}$$

$$+ (-1)^2 a_{13} \begin{vmatrix} 1 & 0 & 0 \\ a_{23} & a_{21} & a_{22} \\ a_{33} & a_{31} & a_{32} \end{vmatrix}$$

となる．それぞれの行列式は，定理 6.4 より変形でき，

$$\begin{vmatrix} a_{11} & a_{12} & a_{13} \\ a_{21} & a_{22} & a_{23} \\ a_{31} & a_{32} & a_{33} \end{vmatrix} \tag{7.1}$$
$$= a_{11} \begin{vmatrix} a_{22} & a_{23} \\ a_{32} & a_{33} \end{vmatrix} - a_{12} \begin{vmatrix} a_{21} & a_{23} \\ a_{31} & a_{33} \end{vmatrix} + a_{13} \begin{vmatrix} a_{21} & a_{22} \\ a_{31} & a_{32} \end{vmatrix}$$

が成り立つことが分かる．これは行列式の次数を 3 から 2 に下げる公式と考えられる．ここで出てきた 3 つの小行列式を，

$$A_{11} = \begin{vmatrix} a_{22} & a_{23} \\ a_{32} & a_{33} \end{vmatrix}, \quad A_{12} = \begin{vmatrix} a_{21} & a_{23} \\ a_{31} & a_{33} \end{vmatrix}, \quad A_{13} = \begin{vmatrix} a_{21} & a_{22} \\ a_{31} & a_{32} \end{vmatrix}$$

のようにかけば，式 (7.1) は，

$$|A| = a_{11} A_{11} - a_{12} A_{12} + a_{13} A_{13}$$

とかける．これを，行列式の第 1 行による**余因子展開**という．

一般の正方行列 A に対し，A_{ij} を，A から第 i 行と第 j 列を取り除いた行列の行列式と定義する．

行を入れ換えれば，第 2 行，第 3 行による余因子展開もできる．例えば，第 1 行と第 2 行を入れ換えた上で第 1 行に関する余因子展開を行えば，第 2 行に関する余因子展開となる．この際，符号が 1 回変わっていることに注意しよう．

7.2 一般の行列式の余因子展開

3×3 行列の行列式の余因子展開は，容易に n 次の正方行列に一般化することができる．その際，符号の変化に注目し，

$$\tilde{A}_{ij} = (-1)^{i+j} A_{ij}$$

とし，これを A の**第 (i,j) 余因子**または，**成分 a_{ij} の余因子**という．余因子を用いると，第 i 行による余因子展開は，以下のようになる．

(第 i 行による余因子展開)
$$|A| = a_{i1}\tilde{A}_{i1} + a_{i2}\tilde{A}_{i2} + \cdots + a_{in}\tilde{A}_{in}$$

全く同様の計算で，列に関する余因子展開もできる．

(第 j 列による余因子展開)
$$|A| = a_{1j}\tilde{A}_{1j} + a_{2j}\tilde{A}_{2j} + \cdots + a_{nj}\tilde{A}_{nj}$$

例えば，3 次の行列の第 1 列に関する余因子展開は以下のようになる．

$$\begin{vmatrix} a_{11} & a_{12} & a_{13} \\ a_{21} & a_{22} & a_{23} \\ a_{31} & a_{32} & a_{33} \end{vmatrix}$$
$$= (-1)^{1+1} a_{11} \begin{vmatrix} a_{22} & a_{23} \\ a_{32} & a_{33} \end{vmatrix} + (-1)^{2+1} a_{21} \begin{vmatrix} a_{12} & a_{13} \\ a_{32} & a_{33} \end{vmatrix}$$
$$+ (-1)^{3+1} a_{31} \begin{vmatrix} a_{12} & a_{13} \\ a_{22} & a_{23} \end{vmatrix}$$
$$= a_{11} \begin{vmatrix} a_{22} & a_{23} \\ a_{32} & a_{33} \end{vmatrix} - a_{21} \begin{vmatrix} a_{12} & a_{13} \\ a_{32} & a_{33} \end{vmatrix} + a_{31} \begin{vmatrix} a_{12} & a_{13} \\ a_{22} & a_{23} \end{vmatrix}$$

例 24

4×4 の例を見てみよう．

$$\begin{vmatrix} 1 & 2 & 0 & 3 \\ 3 & 5 & 1 & -2 \\ -1 & 0 & 3 & 2 \\ 2 & 0 & -1 & 0 \end{vmatrix}$$

を求める．まず，第1行について余因子展開して，

$$\begin{vmatrix} 1 & 2 & 0 & 3 \\ 3 & 5 & 1 & -2 \\ -1 & 0 & 3 & 2 \\ 2 & 0 & -1 & 0 \end{vmatrix}$$

$$= \begin{vmatrix} 5 & 1 & -2 \\ 0 & 3 & 2 \\ 0 & -1 & 0 \end{vmatrix} - 2 \begin{vmatrix} 3 & 1 & -2 \\ -1 & 3 & 2 \\ 2 & -1 & 0 \end{vmatrix} + 0 \begin{vmatrix} 3 & 5 & -2 \\ -1 & 0 & 2 \\ 2 & 0 & 0 \end{vmatrix}$$

$$- 3 \begin{vmatrix} 3 & 5 & 1 \\ -1 & 0 & 3 \\ 2 & 0 & -1 \end{vmatrix}$$

が得られる．右辺第1項を第1列で展開すると，

$$\begin{vmatrix} 5 & 1 & -2 \\ 0 & 3 & 2 \\ 0 & -1 & 0 \end{vmatrix} = 5 \begin{vmatrix} 3 & 2 \\ -1 & 0 \end{vmatrix} = 10$$

第2項は，第1行で展開して，

$$\begin{vmatrix} 3 & 1 & -2 \\ -1 & 3 & 2 \\ 2 & -1 & 0 \end{vmatrix} = 3 \begin{vmatrix} 3 & 2 \\ -1 & 0 \end{vmatrix} - \begin{vmatrix} -1 & 2 \\ 2 & 0 \end{vmatrix} - 2 \begin{vmatrix} -1 & 3 \\ 2 & -1 \end{vmatrix} = 20$$

となる．第4項は，第2列で展開して，

$$\begin{vmatrix} 3 & 5 & 1 \\ -1 & 0 & 3 \\ 2 & 0 & -1 \end{vmatrix} = -5 \begin{vmatrix} -1 & 3 \\ 2 & -1 \end{vmatrix} = 25$$

となるので,求める行列式の値は,$10 - 2 \times 20 - 3 \times 25 = -105$ となる.

問 21

基本変形で計算した結果と一致していることを確認せよ.

問 22

次の行列式を余因子展開を利用して計算せよ.

$$\begin{vmatrix} 1 & 2 & 0 & -1 \\ 4 & 0 & 2 & 0 \\ 0 & -1 & 0 & 1 \\ 3 & 2 & 4 & 2 \end{vmatrix}$$

第7章 章末問題

[**1**] 次の行列の行列式に対して，与えられた行または列による余因子展開をかけ．

(1) $\begin{bmatrix} 2 & 1 & 3 \\ 1 & 2 & 0 \\ 5 & 2 & -1 \end{bmatrix}$ （第2行）

(2) $\begin{bmatrix} 2 & 1 & 3 \\ 1 & 2 & 0 \\ 5 & 2 & -1 \end{bmatrix}$ （第1列）

(3) $\begin{bmatrix} 5 & 2 & -1 \\ 3 & -7 & 2 \\ 0 & 0 & 2 \end{bmatrix}$ （第3列）

(4) $\begin{bmatrix} 5 & 2 & -1 \\ 3 & -7 & 2 \\ 0 & 0 & 2 \end{bmatrix}$ （第3行）

[**2**] 次の行列式の計算をせよ．

(1) $\begin{vmatrix} 3 & 4 & -1 \\ 0 & 2 & 1 \\ 0 & -1 & 5 \end{vmatrix}$

(2) $\begin{vmatrix} -2 & 3 & 2 & 1 \\ 5 & 0 & 0 & 8 \\ 6 & -1 & 0 & -2 \\ 0 & 0 & 0 & 3 \end{vmatrix}$

(3) $\begin{vmatrix} 2 & -1 & 0 & 0 \\ 3 & 2 & 1 & 0 \\ -1 & 3 & 4 & -1 \\ 0 & -1 & 2 & 5 \end{vmatrix}$

(4) $\begin{vmatrix} 1 & 2 & -3 & 1 \\ 1 & 3 & -5 & 3 \\ -3 & -6 & 9 & 8 \\ 0 & 2 & -1 & 4 \end{vmatrix}$

(5) $\begin{vmatrix} a & 0 & b & 0 \\ c & d & 0 & 0 \\ 0 & e & f & 0 \\ 0 & g & h & i \end{vmatrix}$

(6) $\begin{vmatrix} 0 & -1 & 0 & 2 & 1 \\ a & 2 & -3 & 0 & -1 \\ 0 & b & -1 & 2 & 4 \\ 0 & 0 & c & 0 & 0 \\ 0 & d & 5 & 1 & -1 \end{vmatrix}$

[**3**] 余因子展開を利用して次の式を示せ．

$\begin{vmatrix} a_{11} & a_{12} & a_{13} \\ a_{21} & a_{22} & a_{23} \\ a_{31} & a_{32} & a_{33} \end{vmatrix} = a_{11}a_{22}a_{33} + a_{12}a_{23}a_{31} + a_{13}a_{21}a_{32}$
$\qquad - a_{13}a_{22}a_{31} - a_{11}a_{23}a_{32} - a_{12}a_{21}a_{33}$

第8章 余因子行列とクラメルの公式

8.1 逆行列と余因子行列

ここで，連立方程式をもう一度考え直してみることにしよう．連立方程式

$$\begin{bmatrix} a_{11} & a_{12} & \cdots & a_{1n} \\ a_{21} & a_{22} & \cdots & a_{2n} \\ \vdots & \vdots & \ddots & \vdots \\ a_{n1} & a_{n2} & \cdots & a_{nn} \end{bmatrix} \begin{bmatrix} x_1 \\ x_2 \\ \vdots \\ x_n \end{bmatrix} = \begin{bmatrix} b_1 \\ b_2 \\ \vdots \\ b_n \end{bmatrix} \tag{8.1}$$

は，行列と縦ベクトルを用いて，

$$A\boldsymbol{x} = \boldsymbol{b} \tag{8.2}$$

とかくことができる．もし，A が逆行列をもてば，この解は，

$$\boldsymbol{x} = A^{-1}\boldsymbol{b} \tag{8.3}$$

とかきなおすことができる．

A^{-1} を行列式で表現し，それを用いて解を行列式で表現することを考える．

手始めに，$n=3$ の場合を考えよう．A を第1行で余因子展開すると，

$$|A| = a_{11}\tilde{A}_{11} + a_{12}\tilde{A}_{12} + a_{13}\tilde{A}_{13}$$

となる．ここで，A の1行目を2行目に取り換えた行列式

$$\begin{vmatrix} a_{21} & a_{22} & a_{23} \\ a_{21} & a_{22} & a_{23} \\ a_{31} & a_{32} & a_{33} \end{vmatrix}$$

を考える．これは2行目から1行目を引くと2行目がすべて0になるから，値は0である．したがって，この行列式を第1行目で余因子展開すると，

第 8 章 余因子行列とクラメルの公式

$$0 = a_{21}\tilde{A}_{11} + a_{22}\tilde{A}_{12} + a_{23}\tilde{A}_{13}$$

が得られる．同様に，A の 1 行目を 3 行目に取り換えた行列式

$$\begin{vmatrix} a_{31} & a_{32} & a_{33} \\ a_{21} & a_{22} & a_{23} \\ a_{31} & a_{32} & a_{33} \end{vmatrix}$$

を考える．これも，1 行目と 3 行目が等しいので，値は 0 である．これを第 1 行に対して余因子展開すると，

$$0 = a_{31}\tilde{A}_{11} + a_{32}\tilde{A}_{12} + a_{33}\tilde{A}_{13}$$

となる．これをまとめると，

$$\begin{bmatrix} a_{11} & a_{12} & a_{13} \\ a_{21} & a_{22} & a_{23} \\ a_{31} & a_{32} & a_{33} \end{bmatrix} \begin{bmatrix} \tilde{A}_{11} \\ \tilde{A}_{12} \\ \tilde{A}_{13} \end{bmatrix} = \begin{bmatrix} |A| \\ 0 \\ 0 \end{bmatrix}$$

が得られる．今やったことは，1 行目を 2 行目，3 行目に置き換えた行列式の余因子展開だが，これを 2 行目を 1 行目，3 行目に置き換えて同じことをすれば，

$$\begin{bmatrix} a_{11} & a_{12} & a_{13} \\ a_{21} & a_{22} & a_{23} \\ a_{31} & a_{32} & a_{33} \end{bmatrix} \begin{bmatrix} \tilde{A}_{21} \\ \tilde{A}_{22} \\ \tilde{A}_{23} \end{bmatrix} = \begin{bmatrix} 0 \\ |A| \\ 0 \end{bmatrix}$$

が得られる．同様にして，3 行目を 1 行目，2 行目と置き換えた行列式の余因子展開を行うことにより，

$$\begin{bmatrix} a_{11} & a_{12} & a_{13} \\ a_{21} & a_{22} & a_{23} \\ a_{31} & a_{32} & a_{33} \end{bmatrix} \begin{bmatrix} \tilde{A}_{31} \\ \tilde{A}_{32} \\ \tilde{A}_{33} \end{bmatrix} = \begin{bmatrix} 0 \\ 0 \\ |A| \end{bmatrix}$$

となる．全部まとめると，

$$\begin{bmatrix} a_{11} & a_{12} & a_{13} \\ a_{21} & a_{22} & a_{23} \\ a_{31} & a_{32} & a_{33} \end{bmatrix} \begin{bmatrix} \tilde{A}_{11} & \tilde{A}_{21} & \tilde{A}_{31} \\ \tilde{A}_{12} & \tilde{A}_{22} & \tilde{A}_{32} \\ \tilde{A}_{13} & \tilde{A}_{23} & \tilde{A}_{33} \end{bmatrix} = \begin{bmatrix} |A| & 0 & 0 \\ 0 & |A| & 0 \\ 0 & 0 & |A| \end{bmatrix}$$

8.1 逆行列と余因子行列

つまり,

$$A \begin{bmatrix} \tilde{A}_{11} & \tilde{A}_{21} & \tilde{A}_{31} \\ \tilde{A}_{12} & \tilde{A}_{22} & \tilde{A}_{32} \\ \tilde{A}_{13} & \tilde{A}_{23} & \tilde{A}_{33} \end{bmatrix} = |A|I$$

となっている. したがって, $|A| \neq 0$ であれば,

$$A \left(\frac{1}{|A|} \begin{bmatrix} \tilde{A}_{11} & \tilde{A}_{21} & \tilde{A}_{31} \\ \tilde{A}_{12} & \tilde{A}_{22} & \tilde{A}_{32} \\ \tilde{A}_{13} & \tilde{A}_{23} & \tilde{A}_{33} \end{bmatrix} \right) = I$$

となる. つまり, $AX = I$ となる行列が得られたことになる.

「列」ついて同じことをやれば,

$$\begin{bmatrix} \tilde{A}_{11} & \tilde{A}_{21} & \tilde{A}_{31} \\ \tilde{A}_{12} & \tilde{A}_{22} & \tilde{A}_{32} \\ \tilde{A}_{13} & \tilde{A}_{23} & \tilde{A}_{33} \end{bmatrix} \begin{bmatrix} a_{11} & a_{12} & a_{13} \\ a_{21} & a_{22} & a_{23} \\ a_{31} & a_{32} & a_{33} \end{bmatrix} = |A|I$$

となることが分かる.

問 23

上記の式を確認してみよ.

両辺を $|A|$ で割れば, 上と同じ X に対して, $XA = I$ になっていることが分かる. つまり, $AX = I$ かつ $XA = I$ が成立しているので,

$$A^{-1} = \frac{1}{|A|} \begin{bmatrix} \tilde{A}_{11} & \tilde{A}_{21} & \tilde{A}_{31} \\ \tilde{A}_{12} & \tilde{A}_{22} & \tilde{A}_{32} \\ \tilde{A}_{13} & \tilde{A}_{23} & \tilde{A}_{33} \end{bmatrix} \tag{8.4}$$

が得られる. これが逆行列の公式である.

ここに出てきた行列を一般化して余因子行列を定義する.

定義 8.1

A の (i,j) 余因子を $\tilde{A}_{ij}$ とするとき,

$$\tilde{A} = \begin{bmatrix} \tilde{A}_{11} & \tilde{A}_{21} & \cdots & \tilde{A}_{n1} \\ \tilde{A}_{12} & \tilde{A}_{22} & \cdots & \tilde{A}_{n2} \\ \vdots & \vdots & \ddots & \vdots \\ \tilde{A}_{1n} & \tilde{A}_{2n} & \cdots & \tilde{A}_{nn} \end{bmatrix}$$

を A の**余因子行列**という.

ここで, $\tilde{A}$ の (i,j) 成分は, $\tilde{A}_{ji}$ であり, $\tilde{A}_{ij}$ ではないことに注意してほしい. これは意識していないと大変間違いやすい.

$n=3$ の場合と同じようにして, 以下の公式が得られる.

定理 8.2

逆行列の公式

$|A| \neq 0$ のとき, A の逆行列は,

$$A^{-1} = \frac{1}{|A|} \tilde{A}$$

で与えられる. 特に, $|A| \neq 0$ であることと, A が逆行列をもつことは同値である.

[解説] $n=3$ の場合と同様に, 行および列による余因子展開を行うことにより, 以下が成立することが分かる.

$$A\tilde{A} = \tilde{A}A = |A|I \tag{8.5}$$

$|A| \neq 0$ のときは,

$$A\left(\frac{1}{|A|}\tilde{A}\right) = \left(\frac{1}{|A|}\tilde{A}\right)A = I$$

となるから, $|A| \neq 0$ であれば, A^{-1} が存在し, $\frac{1}{|A|}\tilde{A}$ に等しいことが分かる.

逆に, A が逆行列をもてば, $AX = I$ となる行列 X が存在する. 両辺の行列式を求めると, 定理 6.5 より, $|AX| = |A||X| = 1$ となるので, $|A| \neq 0$ でなければならない. □

8.1 逆行列と余因子行列

ここで，第 5 章で積み残していた定理 5.1 を示そう．

[**定理 5.1 の解説**] $AX = I$ となる行列 X が存在するとき，両辺の行列式を求めると，$|AX| = |A||X| = 1$ となるので，$|A| \neq 0$. 定理 8.2 から A は逆行列 A^{-1} をもち，定理 5.2 より $X = A^{-1}$ である．よって，$XA = I$ が成り立つ．□

実際にこの公式を使って逆行列を計算してみよう．第 4 章で次の計算例を見た．結果は同じになるだろうか．

例 25

$$A = \begin{bmatrix} 1 & -2 & 1 \\ 2 & 0 & 3 \\ -1 & 1 & 2 \end{bmatrix}$$

の逆行列は，

$$A^{-1} = \begin{bmatrix} -\dfrac{3}{13} & \dfrac{5}{13} & -\dfrac{6}{13} \\ -\dfrac{7}{13} & \dfrac{3}{13} & -\dfrac{1}{13} \\ \dfrac{2}{13} & \dfrac{1}{13} & \dfrac{4}{13} \end{bmatrix}$$

であった．これを逆行列の公式を用いて確認してみよう．

[**解説**] まず，A の行列式を計算する．

$$\begin{vmatrix} 1 & -2 & 1 \\ 2 & 0 & 3 \\ -1 & 1 & 2 \end{vmatrix} = \begin{vmatrix} 0 & 3 \\ 1 & 2 \end{vmatrix} + 2 \begin{vmatrix} 2 & 3 \\ -1 & 2 \end{vmatrix} + \begin{vmatrix} 2 & 0 \\ -1 & 1 \end{vmatrix} = 13$$

逆行列の公式に代入すると，

$$A^{-1} = \frac{1}{13} \begin{bmatrix} \begin{vmatrix} 0 & 3 \\ 1 & 2 \end{vmatrix} & -\begin{vmatrix} -2 & 1 \\ 1 & 2 \end{vmatrix} & \begin{vmatrix} -2 & 1 \\ 0 & 3 \end{vmatrix} \\ -\begin{vmatrix} 2 & 3 \\ -1 & 2 \end{vmatrix} & \begin{vmatrix} 1 & 1 \\ -1 & 2 \end{vmatrix} & -\begin{vmatrix} 1 & 1 \\ 2 & 3 \end{vmatrix} \\ \begin{vmatrix} 2 & 0 \\ -1 & 1 \end{vmatrix} & -\begin{vmatrix} 1 & -2 \\ -1 & 1 \end{vmatrix} & \begin{vmatrix} 1 & -2 \\ 2 & 0 \end{vmatrix} \end{bmatrix}$$

$$= \frac{1}{13}\begin{bmatrix} -3 & 5 & -6 \\ -7 & 3 & -1 \\ 2 & 1 & 4 \end{bmatrix} = \begin{bmatrix} -\frac{3}{13} & \frac{5}{13} & -\frac{6}{13} \\ -\frac{7}{13} & \frac{3}{13} & -\frac{1}{13} \\ \frac{2}{13} & \frac{1}{13} & \frac{4}{13} \end{bmatrix}$$

となり，確かに一致している．

問 24

次の行列 A の逆行列を，基本変形と逆行列の公式を用いて，それぞれ求めよ．

$$A = \begin{bmatrix} 1 & -2 & 1 \\ 0 & 1 & 4 \\ 1 & -1 & 3 \end{bmatrix}$$

問 25

$ad - bc \neq 0$ のとき，逆行列の公式を用いて，以下の行列 A の逆行列を求めよ．

$$A = \begin{bmatrix} a & b \\ c & d \end{bmatrix}$$

8.2 クラメルの公式

逆行列を行列式で表現できたので，連立方程式の解も行列式でかいてみよう．

$$\boldsymbol{x} = A^{-1}\boldsymbol{b} = \frac{1}{|A|}\tilde{A}\boldsymbol{b}$$

だったので，$\boldsymbol{x}$ を求めるには，$\tilde{A}\boldsymbol{b}$ を計算すればよい．

$$\tilde{A}\boldsymbol{b} = \begin{bmatrix} \tilde{A}_{11} & \tilde{A}_{21} & \cdots & \tilde{A}_{n1} \\ \tilde{A}_{12} & \tilde{A}_{22} & \cdots & \tilde{A}_{n2} \\ \vdots & \vdots & \ddots & \vdots \\ \tilde{A}_{1n} & \tilde{A}_{2n} & \cdots & \tilde{A}_{nn} \end{bmatrix} \begin{bmatrix} b_1 \\ b_2 \\ \vdots \\ b_n \end{bmatrix}$$

8.2 クラメルの公式

であるから，両辺の第 j 成分を取れば，

$$b_1 \tilde{A}_{1j} + b_2 \tilde{A}_{2j} + \cdots + b_n \tilde{A}_{nj}$$

となるが，これは，ちょうど，A の第 j 列を $\boldsymbol{b}$ で置き換えた行列式

$$\begin{vmatrix} a_{11} & \cdots & b_1 & \cdots & a_{1n} \\ a_{21} & \cdots & b_2 & \cdots & a_{2n} \\ \vdots & \ddots & \vdots & \ddots & \vdots \\ a_{n1} & \cdots & b_n & \cdots & a_{nn} \end{vmatrix}$$

を第 j 列で余因子展開した形になっている．

したがって，

定理 8.3

クラメルの公式

連立方程式：$A\boldsymbol{x} = \boldsymbol{b}$ の解の第 $j(1 \leq j \leq n)$ 成分は，

$$x_j = \frac{1}{|A|} \begin{vmatrix} a_{11} & \cdots & b_1 & \cdots & a_{1n} \\ a_{21} & \cdots & b_2 & \cdots & a_{2n} \\ \vdots & \ddots & \vdots & \ddots & \vdots \\ a_{n1} & \cdots & b_n & \cdots & a_{nn} \end{vmatrix}$$

となる．ここで，右辺の行列式は A の第 j 列を $\boldsymbol{b}$ で置き換えた行列の行列式とする．

試しに答が分かっている連立方程式を解いて確認してみよう．

例 26

$$\begin{cases} 2x + 3y - z = -3 \\ x - y + 3z = 8 \\ 3x + 2y - 2z = -3 \end{cases}$$

この連立方程式の解は，$x = 1, y = -1, z = 2$ である．クラメルの公式を使って解いてみよう．

$$\begin{vmatrix} 2 & 3 & -1 \\ 1 & -1 & 3 \\ 3 & 2 & -2 \end{vmatrix} = 2\begin{vmatrix} -1 & 3 \\ 2 & -2 \end{vmatrix} - 3\begin{vmatrix} 1 & 3 \\ 3 & -2 \end{vmatrix} - \begin{vmatrix} 1 & -1 \\ 3 & 2 \end{vmatrix} = 20$$

なので，クラメルの公式より，

$$x = \frac{1}{20}\begin{vmatrix} -3 & 3 & -1 \\ 8 & -1 & 3 \\ -3 & 2 & -2 \end{vmatrix} = \frac{20}{20} = 1,$$

$$y = \frac{1}{20}\begin{vmatrix} 2 & -3 & -1 \\ 1 & 8 & 3 \\ 3 & -3 & -2 \end{vmatrix} = \frac{-20}{20} = -1,$$

$$z = \frac{1}{20}\begin{vmatrix} 2 & 3 & -3 \\ 1 & -1 & 8 \\ 3 & 2 & -3 \end{vmatrix} = \frac{40}{20} = 2.$$

問 26

次の連立方程式を基本変形を用いる方法，クラメルの公式を用いる方法でそれぞれ解け．

$$\begin{cases} x + 2y = 4 \\ 3x + y = 7 \end{cases}$$

問 27

次の連立方程式を基本変形を用いる方法，クラメルの公式を用いる方法でそれぞれ解け．

$$\begin{cases} x + 2y - z = 1 \\ 2x + y + z = 0 \\ x + y - 2z = 4 \end{cases}$$

いくつか実例を解いてみると実感できると思うが，連立方程式の係数が数値の場合は，クラメルの公式は案外手間がかかり，基本変形で解く方がずっと速いことが多い．

8.2 クラメルの公式

成分が数値の逆行列の計算も基本変形で解く方が能率的である．これは，次数 n が大きくなると顕著である．例えば，逆行列の計算では，$n = 5$ のときでさえ，5 次の行列式 1 つと $25 (= 5 \times 5)$ 個の 4 次の行列式を計算せねばならない．それぞれの行列式の計算を考えると，それだけで相当にうんざりする（一度真面目に計算して，心底うんざりしてみるとよい）．表示がきれいになることと，計算がやさしくなることとは同じではないのである．

第8章 章末問題

[**1**] 次の行列の行列式と余因子行列を求め，逆行列をもつとき，その逆行列を求めよ．

(1) $\begin{bmatrix} 5 & 3 \\ 2 & 1 \end{bmatrix}$ (2) $\begin{bmatrix} 4 & -2 \\ 1 & 3 \end{bmatrix}$

(3) $\begin{bmatrix} 1 & 1 & 1 \\ 0 & 1 & 1 \\ 0 & 0 & 1 \end{bmatrix}$ (4) $\begin{bmatrix} 1 & 1 & 0 \\ 1 & 0 & 2 \\ 0 & 2 & 3 \end{bmatrix}$

(5) $\begin{bmatrix} 2 & -1 & 1 \\ 5 & 2 & -1 \\ 1 & 1 & 0 \end{bmatrix}$ (6) $\begin{bmatrix} 2 & 4 & 1 \\ -1 & 2 & 3 \\ 1 & 5 & 3 \end{bmatrix}$

(7) $\begin{bmatrix} 1 & 1 & -2 \\ -2 & 0 & 5 \\ -4 & 2 & 11 \end{bmatrix}$ (8) $\begin{bmatrix} a & 0 & 0 \\ b & a & 0 \\ c & b & a \end{bmatrix}$ $(a \neq 0)$

[**2**] 行列 $\begin{bmatrix} 2 & -1 & 2 \\ 1 & 1 & 5 \\ 0 & 1 & 2 \end{bmatrix}$ の逆行列を次の2つの方法で求め，一致することを確認せよ．

(1) 行列の基本変形を用いる方法．
(2) 余因子行列を用いる方法．

[**3**] 行列 $\begin{bmatrix} x & 1 & 3 \\ 1 & x & 2 \\ 1 & 1 & 1 \end{bmatrix}$ が逆行列をもつための x の条件を求めよ．

[**4**] 次の連立方程式をクラメルの公式を利用して解け．

(1) $\begin{cases} x + 2y = 0 \\ -2x - 3y = -1 \end{cases}$ (2) $\begin{cases} 3x - 2y = 3 \\ x + 3y = -1 \end{cases}$

(3) $\begin{cases} 2x + y - 2z = -2 \\ 3x - 2y - z = 0 \\ -x + y + 3z = 4 \end{cases}$ (4) $\begin{cases} x - y + 2z = 2 \\ 3x + y + z = 1 \\ 2x + y + 5z = 0 \end{cases}$

[5] 次の連立方程式
$$\begin{cases} x - y + 2z = 1 \\ 2x + y - z = 0 \\ x + 3y + z = -1 \end{cases}$$
について，次の2つの方法でそれぞれ解き，解が一致することを確認せよ．
(1) 行列の基本変形を用いる方法．
(2) クラメルの公式を用いる方法．

第9章 ベクトル

これまで，ベクトルは，行列の特別な場合として取り扱ってきた．しかし，ベクトルには，幾何学的な（図形的な）意味があり，応用上は，ベクトルを幾何学的に取り扱うことが重要である．

9.1 幾何ベクトル

物理学に登場する質量や距離などは，1つの数値で表せる．このような量を，**スカラー**という．これに対して，数値（大きさ）だけでなく方向をもつ量がある．例えば，力，速度などがそうである．このような量は，大きさ（長さ）と方向をもつので，図9.1のように大きさに比例した長さをもつ**有向線分**（向きのついた線分=矢印）$u = \overrightarrow{PQ}$ で表すことができる．

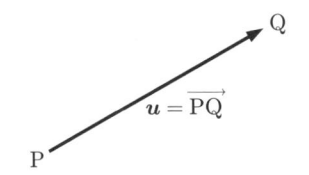

図 **9.1** 幾何ベクトル

$u = \overrightarrow{PQ}$ において，点 P を**始点**，点 Q を**終点**という．このような量を**幾何ベクトル**という．2つの有向線分 $\overrightarrow{PQ}$, $\overrightarrow{P'Q'}$ が，同じ長さと方向をもつならば，それらは同じ幾何ベクトルを表すと考える（図 9.2）．

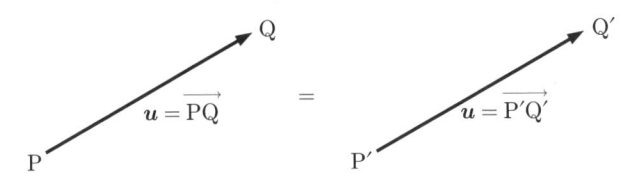

図 **9.2** 等しい幾何ベクトル

2つの幾何ベクトルが等しくても，一般にその位置は異なることに注意しよう．

これまで述べてきたベクトルは，数字を並べたものだった．これを，幾何ベクトルと対比させて，**数ベクトル**と呼ぶ．

数ベクトルは，幾何ベクトルと解釈することができる．例えば，縦ベクトル $u = \begin{bmatrix} 3 \\ 2 \end{bmatrix}$ は，原点を始点とし，終点を点 $(3, 2)$ とする幾何ベクトルと考えることができる．

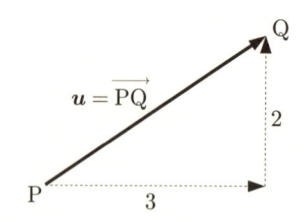

図 9.3 数ベクトルと幾何ベクトルの対応

このように解釈すると，数ベクトルの演算を幾何ベクトルの演算として解釈することができる．

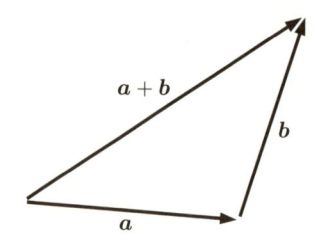

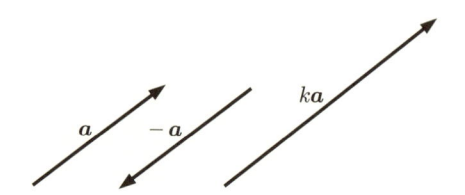

図 9.4 幾何ベクトルの加法　　**図 9.5** 幾何ベクトルのスカラー倍

数ベクトルの足し算，スカラー倍は，幾何ベクトルでは，図 9.4，図 9.5 のように解釈できる．ただし，数ベクトルの成分が4つ，5つとなると，幾何学的にイメージするのは難しくなる．正確にイメージするのは不可能と思われるが，その場合も，数学では，矢印をイメージして考えることが多い．

定義 9.1

n 個の実数を成分とする（縦または横）ベクトル全体を $\boldsymbol{R}^n$ で表し，実数上の **n 次元数ベクトル空間**（あるいは **n 次元ベクトル空間**）という．

9.2 ベクトルの内積

幾何ベクトル u に対して，その矢印の長さを $\|u\|$ で表す．数ベクトルに対しては，一般に以下のように定義する．

定義 9.2

R^n の縦ベクトル

$$u = \begin{bmatrix} u_1 \\ u_2 \\ \vdots \\ u_n \end{bmatrix} \text{に対し，} \quad \|u\| = \sqrt{u_1{}^2 + u_2{}^2 + \cdots + u_n{}^2}$$

と定義し，これを u の **大きさ** という．横ベクトルの場合も同様に定義する．

9.2 ベクトルの内積

幾何ベクトル a, b のなす角 θ を，2 つのベクトルの始点をそろえて図のように定義する．

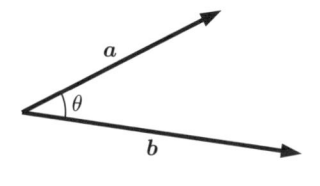

図 9.6 ベクトルのなす角

このとき，幾何ベクトルの内積を以下のように定義する．

定義 9.3

幾何ベクトルの内積

$$(a, b) = \|a\|\|b\|\cos\theta \quad (0 \leq \theta \leq \pi)$$

ただし，$a = 0$ または $b = 0$ のときは，内積は 0 であるものとする．

$\boldsymbol{a} = \begin{bmatrix} a_1 \\ a_2 \end{bmatrix}$, $\boldsymbol{b} = \begin{bmatrix} b_1 \\ b_2 \end{bmatrix}$ として，内積をベクトルの成分で表現してみよう．余弦定理より，

$$\|\boldsymbol{a} - \boldsymbol{b}\|^2 = \|\boldsymbol{a}\|^2 + \|\boldsymbol{b}\|^2 - 2\|\boldsymbol{a}\|\|\boldsymbol{b}\|\cos\theta$$
$$= \|\boldsymbol{a}\|^2 + \|\boldsymbol{b}\|^2 - 2(\boldsymbol{a}, \boldsymbol{b})$$

であるから，

$$(\boldsymbol{a}, \boldsymbol{b}) = \frac{1}{2}(\|\boldsymbol{a}\|^2 + \|\boldsymbol{b}\|^2 - \|\boldsymbol{a} - \boldsymbol{b}\|^2)$$
$$= \frac{1}{2}((a_1{}^2 + a_2{}^2) + (b_1{}^2 + b_2{}^2) - \{(a_1 - b_1)^2 + (a_2 - b_2)^2\})$$
$$= a_1 b_1 + a_2 b_2$$

となる．空間ベクトルでも同じように考えると，

$$(\boldsymbol{a}, \boldsymbol{b}) = a_1 b_1 + a_2 b_2 + a_3 b_3$$

となることが分かる．これを，一般化して，次のように定義する．

定義 9.4

数ベクトルの内積

2つの縦ベクトル

$$\boldsymbol{a} = \begin{bmatrix} a_1 \\ a_2 \\ \vdots \\ a_n \end{bmatrix}, \quad \boldsymbol{b} = \begin{bmatrix} b_1 \\ b_2 \\ \vdots \\ b_n \end{bmatrix}$$

に対し，

$$(\boldsymbol{a}, \boldsymbol{b}) = a_1 b_1 + a_2 b_2 + \cdots + a_n b_n$$

とする．横ベクトルの場合も同様に定義する．

実数成分をもつ零ベクトルでない 2 つのベクトル $\boldsymbol{u}, \boldsymbol{v}$ に対しては，

$$\cos\theta = \frac{(\boldsymbol{u}, \boldsymbol{v})}{\|\boldsymbol{u}\|\|\boldsymbol{v}\|}$$

9.3 ベクトルの外積

によって，ベクトルのなす角 θ を定義することができるが，特に重要なのは，ベクトルが直交する場合であり，以下のように定義する．

定義 9.5

$$(u, v) = 0$$

となるとき，ベクトル u, v は**直交する**という．

問 28

$a = \begin{bmatrix} 1 \\ 2 \\ -1 \end{bmatrix}$, $b = \begin{bmatrix} 0 \\ 3 \\ 4 \end{bmatrix}$ に対して，$\|a\|, \|b\|$ およびこの 2 つのベクトルの内積を求めよ．

問 29

$a = \begin{bmatrix} 3 \\ 2 \\ -1 \end{bmatrix}$ と $b = \begin{bmatrix} \alpha \\ 1 \\ -1 \end{bmatrix}$ が直交するように α の値を定めよ．

9.3 ベクトルの外積

空間ベクトルに対しては，内積の他に，外積が定義できる．
天下り的に定義してから意味を説明する．

定義 9.6

R^3 の 2 つの縦ベクトル

$$u = \begin{bmatrix} u_1 \\ u_2 \\ u_3 \end{bmatrix}, \quad v = \begin{bmatrix} v_1 \\ v_2 \\ v_3 \end{bmatrix}$$

が与えられたとき，以下で定まるベクトル $u \times v$ を u と v の**外積**または**ベクトル積**という．

$$\boldsymbol{u} \times \boldsymbol{v} = \begin{bmatrix} u_2 v_3 - u_3 v_2 \\ u_3 v_1 - u_1 v_3 \\ u_1 v_2 - u_2 v_1 \end{bmatrix} \tag{9.1}$$

横ベクトルの場合も同様に定義する．

式 (9.1) は覚えづらいので，記号的に，以下のようにかいておくと便利である．

$$\boldsymbol{u} \times \boldsymbol{v} = \begin{vmatrix} \boldsymbol{e}_1 & \boldsymbol{e}_2 & \boldsymbol{e}_3 \\ u_1 & u_2 & u_3 \\ v_1 & v_2 & v_3 \end{vmatrix} \tag{9.2}$$

式 (9.2) における，$\boldsymbol{e}_1, \boldsymbol{e}_2, \boldsymbol{e}_3$ は基本ベクトル

$$\boldsymbol{e}_1 = \begin{bmatrix} 1 \\ 0 \\ 0 \end{bmatrix}, \; \boldsymbol{e}_2 = \begin{bmatrix} 0 \\ 1 \\ 0 \end{bmatrix}, \; \boldsymbol{e}_3 = \begin{bmatrix} 0 \\ 0 \\ 1 \end{bmatrix}$$

である．式 (9.2) において第 1 行に関して余因子展開すれば，定義式が得られる．

外積には，以下の性質がある．

定理 9.7

(性質 1) $\boldsymbol{v} \times \boldsymbol{u} = -\boldsymbol{u} \times \boldsymbol{v}$

(性質 2) $(k\boldsymbol{u}) \times \boldsymbol{v} = k(\boldsymbol{u} \times \boldsymbol{v})$

(性質 3) $\boldsymbol{u} \times (\boldsymbol{v} + \boldsymbol{w}) = \boldsymbol{u} \times \boldsymbol{v} + \boldsymbol{u} \times \boldsymbol{w}$

問 30

定義から上記の性質を示し，それぞれ，行列式のどの性質から導かれるか確認せよ．

外積はどのようなベクトルかを調べよう．

命題 9.8

$\boldsymbol{u} \times \boldsymbol{v}$ は，$\boldsymbol{u}$，$\boldsymbol{v}$ の両方に垂直である．

[解説] u と $u \times v$ の内積を直接計算してみると，

$$(u, u \times v) = u_1(u_2v_3 - u_3v_2) + u_2(u_3v_1 - u_1v_3) + u_3(u_1v_2 - u_2v_1)$$
$$= u_1u_2v_3 - u_1u_3v_2 + u_2u_3v_1 - u_2u_1v_3 + u_3u_1v_2 - u_3u_2v_1$$
$$= 0$$

v についても同様である．□

命題 9.9

u, v のなす角を $\theta(0 \leq \theta \leq \pi)$ とすると，

$$\|u \times v\| = \|u\|\|v\|\sin\theta$$

が成り立つ．すなわち，$u \times v$ の大きさは，u, v でつくられる平行四辺形の面積に等しい．

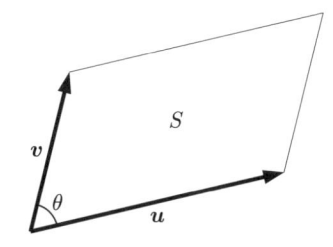

図9.7 u, v でつくられる平行四辺形

[解説]
$$\|u \times v\|^2 = (u_2v_3 - u_3v_2)^2 + (u_3v_1 - u_1v_3)^2 + (u_1v_2 - u_2v_1)^2$$
$$= u_2{}^2v_3{}^2 + u_3{}^2v_2{}^2 + u_3{}^2v_1{}^2 + u_1{}^2v_3{}^2 + u_1{}^2v_2{}^2 + u_2{}^2v_1{}^2$$
$$- 2(u_2v_3u_3v_2 + u_3v_1u_1v_3 + u_1v_2u_2v_1)$$

一方，u, v でつくられる平行四辺形の面積 S の 2 乗は，

$$\|u\|^2\|v\|^2\sin^2\theta$$
$$= \|u\|^2\|v\|^2(1 - \cos^2\theta)$$

86　　　　　　　　　　第9章　ベクトル

$$= \|u\|^2\|v\|^2 - \|u\|^2\|v\|^2 \cos^2\theta$$
$$= \|u\|^2\|v\|^2 - (u, v)^2$$
$$= (u_1{}^2 + u_2{}^2 + u_3{}^2)(v_1{}^2 + v_2{}^2 + v_3{}^2) - (u_1v_1 + u_2v_2 + u_3v_3)^2$$
$$= u_2{}^2v_3{}^2 + u_3{}^2v_2{}^2 + u_3{}^2v_1{}^2 + u_1{}^2v_3{}^2 + u_1{}^2v_2{}^2 + u_2{}^2v_1{}^2$$
$$\quad - 2(u_2v_3u_3v_2 + u_3v_1u_1v_3 + u_1v_2u_2v_1) = \|u \times v\|^2$$

となるので，$\|u \times v\| = \|u\|\|v\|\sin\theta$ が得られる．□

　命題 9.8 と命題 9.9 から，外積 $u \times v$ は，u と v の両方に垂直で，その大きさが，u と v のつくる平行四辺形の面積に等しいことが分かった．1点だけ分かっていないことがある．それが $u \times v$ の「向き」である．u と v の両方に垂直な方向は2方向ある．これは，座標系をどう取るかで決まるが，ここでの定義は，**右手系**（図9.8）に従ったものである．つまり，図9.9のように，u が右手の親指，v が人差し指，$u \times v$ が中指と同じ方向をもつときである[*3]．

図9.8　右手系　　　　　**図9.9**　ベクトルの外積

面積 $= \|u\| \cdot \|v\| \sin\theta$

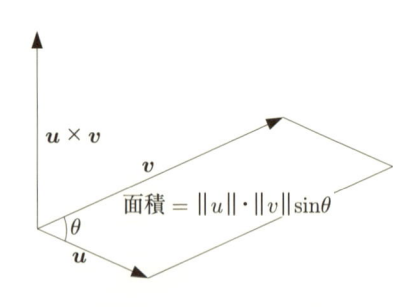

問 31

$u = \begin{bmatrix} 1 \\ 2 \\ -3 \end{bmatrix}$ と $v = \begin{bmatrix} -1 \\ 0 \\ 2 \end{bmatrix}$ に対し，外積 $u \times v$ を求めよ．

[*3] 同様に，**左手系**の座標系で外積を定義することもできる．左手系では，$u \times v$ は反対方向を向く．

第9章 章末問題

[1] 次の内積の値を求めよ．

(1) $\left(\begin{bmatrix} 1 \\ 2 \\ -1 \end{bmatrix}, \begin{bmatrix} 2 \\ 0 \\ 1 \end{bmatrix}\right)$ (2) $\left(\begin{bmatrix} 5 \\ -1 \\ 2 \end{bmatrix}, \begin{bmatrix} 0 \\ 2 \\ 3 \end{bmatrix}\right)$

[2] $\boldsymbol{a} = \begin{bmatrix} 1 \\ 0 \\ 1 \end{bmatrix}$, $\boldsymbol{b} = \begin{bmatrix} 2 \\ -1 \\ 1 \end{bmatrix}$ について次の問に答えよ．

(1) それぞれのベクトルの大きさ，および $\boldsymbol{a}, \boldsymbol{b}$ の内積となす角，外積を求めよ．
(2) $\boldsymbol{a}, \boldsymbol{b}$ の両方に直交する大きさが1のベクトルを求めよ．
(3) $\|\boldsymbol{a} \times \boldsymbol{b}\|$ がベクトル $\boldsymbol{a}, \boldsymbol{b}$ でつくられる平行四辺形の面積 S に等しいことを計算によって確認せよ．

[3] $\boldsymbol{a} = \begin{bmatrix} 3 \\ -2 \\ 4 \end{bmatrix}$, $\boldsymbol{b} = \begin{bmatrix} -2 \\ 1 \\ 1 \end{bmatrix}$ の2つのベクトルと $\boldsymbol{c} = \begin{bmatrix} x \\ y \\ 1 \end{bmatrix}$ が直交するように，x, y を求めよ．

[4] $\boldsymbol{R}^n$ のベクトルの内積について，次のことを示せ．ただし $\boldsymbol{a}, \boldsymbol{b}, \boldsymbol{c}$ を $\boldsymbol{R}^n$ のベクトルとし，k を実数とする．

(1) $(\boldsymbol{a}+\boldsymbol{b}, \boldsymbol{c}) = (\boldsymbol{a}, \boldsymbol{c}) + (\boldsymbol{b}, \boldsymbol{c})$
(2) $(k\boldsymbol{a}, \boldsymbol{b}) = k(\boldsymbol{a}, \boldsymbol{b})$
(3) $(\boldsymbol{a}, \boldsymbol{b}) = (\boldsymbol{b}, \boldsymbol{a})$
(4) $\boldsymbol{a} \neq \boldsymbol{0}$ ならば $(\boldsymbol{a}, \boldsymbol{a}) > 0$

[5] $\boldsymbol{R}^3$ において，命題9.9の解説の式より

$$\|\boldsymbol{a} \times \boldsymbol{b}\|^2 = \|\boldsymbol{a}\|^2 \cdot \|\boldsymbol{b}\|^2 - (\boldsymbol{a}, \boldsymbol{b})^2$$

が成り立っている．このことを利用して次の不等式を証明せよ．

(1) $|(\boldsymbol{a}, \boldsymbol{b})| \leq \|\boldsymbol{a}\| \cdot \|\boldsymbol{b}\|$　（シュバルツの不等式）
(2) $\|\boldsymbol{a}+\boldsymbol{b}\| \leq \|\boldsymbol{a}\| + \|\boldsymbol{b}\|$　（三角不等式）

[6] $\boldsymbol{R}^n$ において，次を示せ．

(1) $\|\boldsymbol{a}\| = \|\boldsymbol{b}\| \Leftrightarrow \boldsymbol{a}+\boldsymbol{b}$ と $\boldsymbol{a}-\boldsymbol{b}$ は直交する
(2) $\|\boldsymbol{a}+\boldsymbol{b}\|^2 = \|\boldsymbol{a}\|^2 + \|\boldsymbol{b}\|^2 \Leftrightarrow \boldsymbol{a}$ と $\boldsymbol{b}$ は直交する

[7]　$u_1 = \begin{bmatrix} a_1 \\ a_2 \\ a_3 \end{bmatrix}$, $u_2 = \begin{bmatrix} b_1 \\ b_2 \\ b_3 \end{bmatrix}$, $u_3 = \begin{bmatrix} c_1 \\ c_2 \\ c_3 \end{bmatrix}$

とするとき
$$|u_1\ u_2\ u_3| = (u_1 \times u_2, u_3)$$

となることを示せ．ただし，左辺は u_1 を第 1 列，u_2 を第 2 列，u_3 を第 3 列とした行列の行列式とする．

第10章 空間の直線と平面

空間図形の最も簡単なものとして，直線と平面がある．ここでは，空間の直線と平面の方程式について学習する．

10.1 空間の直線

空間の直線は，1 点と直線の方向で決まる．つまり，O を原点とし，直線 ℓ 上の 1 点 $A(x_0, y_0, z_0)$ と，方向を与えるベクトル（**方向ベクトル**）$\boldsymbol{d}$ があれば，ℓ 上の任意の点 $P(x, y, z)$ は，以下のように表現することができる．

$$\overrightarrow{OP} = \overrightarrow{OA} + t\boldsymbol{d}$$

成分で表現すると，

$$\begin{bmatrix} x \\ y \\ z \end{bmatrix} = \begin{bmatrix} x_0 \\ y_0 \\ z_0 \end{bmatrix} + t \begin{bmatrix} d_1 \\ d_2 \\ d_3 \end{bmatrix} \tag{10.1}$$

これを t をパラメータとする**直線のパラメータ表示**という．

ここで，方向ベクトル

$$\boldsymbol{d} = \begin{bmatrix} d_1 \\ d_2 \\ d_3 \end{bmatrix}$$

の成分がどれも 0 でないときは，式 (10.1) からパラメータ t を消去して，

$$\frac{x - x_0}{d_1} = \frac{y - y_0}{d_2} = \frac{z - z_0}{d_3}$$

とかくことができる．

第 10 章　空間の直線と平面

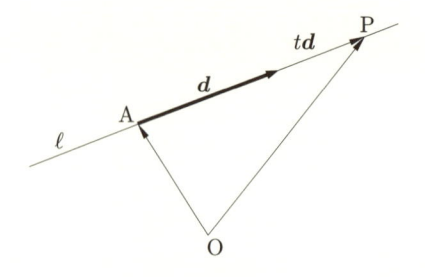

図 10.1　空間直線

問 32

直線の方程式

$$\frac{x-1}{2} = \frac{y+2}{-1} = \frac{z-3}{3}$$

をパラメータ表示に直せ．

10.2　空間の平面

次に，平面を考えよう．平面の表現方法は 2 通りある．順に説明しよう．

直線のときと同じように考えて，1 点 $A(x_0, y_0, z_0)$ と，2 つの（平行でない）ベクトル $\bm{d}_1, \bm{d}_2$ を用いて，平面上の任意の点 $P(x, y, z)$ は，

$$\overrightarrow{OP} = \overrightarrow{OA} + t_1 \bm{d}_1 + t_2 \bm{d}_2$$

とかくことができる．成分でかけば，

$$\begin{bmatrix} x \\ y \\ z \end{bmatrix} = \begin{bmatrix} x_0 \\ y_0 \\ z_0 \end{bmatrix} + t_1 \begin{bmatrix} d_1 \\ d_2 \\ d_3 \end{bmatrix} + t_2 \begin{bmatrix} d'_1 \\ d'_2 \\ d'_3 \end{bmatrix} \tag{10.2}$$

の形で表現できる．これを t_1, t_2 をパラメータとする**平面のパラメータ表示**という．

ここで，$\bm{d}_1$ と $\bm{d}_2$ の外積 $\bm{d}_1 \times \bm{d}_2$ を $\bm{n}$ とすると，$\bm{n}$ は，$\bm{d}_1$ と $\bm{d}_2$ の両方に直交する．したがって，

$$(\bm{n}, \overrightarrow{AP}) = (\bm{n}, \overrightarrow{OP} - \overrightarrow{OA}) = t_1(\bm{n}, \bm{d}_1) + t_2(\bm{n}, \bm{d}_2) = 0$$

10.2 空間の平面

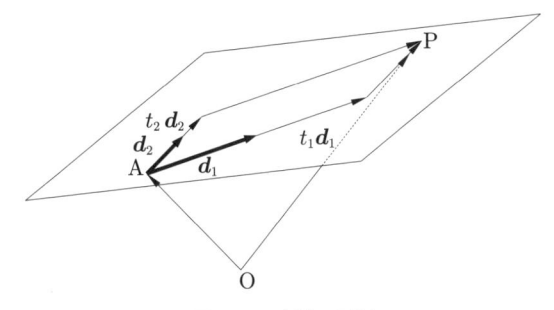

図 10.2 空間の平面

となる．つまり，平面の方程式は，$(\boldsymbol{n}, \overrightarrow{\mathrm{OP}} - \overrightarrow{\mathrm{OA}}) = 0$ という形でかくことができる．ここに出てきたベクトル $\boldsymbol{n}$ を**法線ベクトル**という．法線ベクトルを

$$\boldsymbol{n} = \begin{bmatrix} a \\ b \\ c \end{bmatrix}$$

とすると，

$$(\boldsymbol{n}, \overrightarrow{\mathrm{OP}} - \overrightarrow{\mathrm{OA}}) = a(x - x_0) + b(y - y_0) + c(z - z_0) = 0$$

となる．

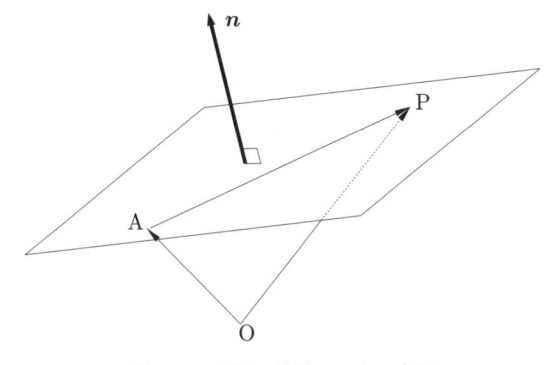

図 10.3 平面の法線ベクトル表示

例 27

3点 $A(1, 0, -2)$, $B(0, 1, 3)$, $C(2, 1, -1)$ を通る平面の方程式を求めよ.

[解説] $\overrightarrow{AB} = \overrightarrow{OB} - \overrightarrow{OA}$, $\overrightarrow{AC} = \overrightarrow{OC} - \overrightarrow{OA}$ であるから，求める平面のパラメータ表示は，以下のようになる．

$$\begin{bmatrix} x \\ y \\ z \end{bmatrix} = \overrightarrow{OA} + t_1 \overrightarrow{AB} + t_2 \overrightarrow{AC} = \begin{bmatrix} 1 \\ 0 \\ -2 \end{bmatrix} + t_1 \begin{bmatrix} -1 \\ 1 \\ 5 \end{bmatrix} + t_2 \begin{bmatrix} 1 \\ 1 \\ 1 \end{bmatrix}$$

また，

$$\overrightarrow{AB} \times \overrightarrow{AC} = \begin{bmatrix} 1 \cdot 1 - 5 \cdot 1 \\ 5 \cdot 1 - (-1) \cdot 1 \\ (-1) \cdot 1 - 1 \cdot 1 \end{bmatrix} = \begin{bmatrix} -4 \\ 6 \\ -2 \end{bmatrix}$$

となるので，これを法線ベクトルとし，点 A を通る平面の方程式は，

$$-4(x-1) + 6(y-0) - 2(z-(-2)) = 0$$

となる．これを整理して，$2x - 3y + z = 0$ が得られる．これが求める平面の方程式である．□

問 33

平面 $2x + 3y - z = 8$ と直線 $\dfrac{x-1}{-1} = \dfrac{y}{3} = \dfrac{z+1}{2}$ の交点の座標を求めよ．

(参考) 連立方程式の幾何学的解釈

先ほどの直線の方程式 (10.1) と，平面の方程式 (10.2) に見覚えはないだろうか？そう，これらは，無限に解をもつ連立方程式のところで出てきた解とそっくりである．

なぜ，連立方程式の解が直線や平面になるのだろうか．

3つの未知数をもつ2つの式の連立方程式は，幾何学的には，2つの平面の方程式と解釈することができる．2つの平面の位置関係は，以下の3つの場合に分けることができる．

10.2 空間の平面

- 2つの平面の交わりが直線になる
- 2つの平面が一致する（交わりは平面自身）
- 2つの平面は平行である（交わりはない）

このとき，上から順に，連立方程式の解がパラメータを1つもつ場合，パラメータを2つもつ場合，解がない場合，に対応している．

第 10 章 章末問題

[**1**] 空間において，次の点 A を通り方向ベクトル $\boldsymbol{d}$ で定まる直線を求め，方程式で表せ．

(1) $A(2,1,-1), \boldsymbol{d} = \begin{bmatrix} -1 \\ 3 \\ 2 \end{bmatrix}$ (2) $A(1,0,-7), \boldsymbol{d} = \begin{bmatrix} -2 \\ 5 \\ 0 \end{bmatrix}$

[**2**] 空間において，点 $A(1,-2,5), B(2,1,-3)$ を通る直線の方程式を求めよ．

[**3**] 空間において，点 $A(2,1,0), B(0,4,1), C(3,0,-2)$ とするとき次の問に答えよ．
  (1) A, B, C を通る平面をパラメータ表示せよ．
  (2) $\overrightarrow{AB}, \overrightarrow{AC}$ の両方に直交するベクトルを 1 つ求めよ．
  (3) (2) で求めたベクトルを利用して，この平面の方程式を求めよ．

[**4**] 空間において，点 $A(3,-2,4)$ を通り方向ベクトル $\begin{bmatrix} 2 \\ -1 \\ 1 \end{bmatrix}$ で定まる直線について次の問に答えよ．
  (1) この直線の方程式を求めよ．
  (2) この直線は点 $(a,b,0)$ を通る．このときの a,b を求めよ．
  (3) この直線に垂直で，点 A を通る平面の方程式を求めよ．

[**5**] 次の 3 つの平面について以下の問に答えよ．

$$A: \quad x+3y-2z=3$$
$$B: -2x-6y+4z=5$$
$$C: \quad 2x+7y-5z=4$$

  (1) 平面 A, B の位置関係をいえ．
  (2) 平面 A, C の位置関係をいえ．

第11章 行列と一次変換

これまで，連立方程式を解く，ということを行列を通して考えてきたが，行列にはもう1つの顔がある．それは，ベクトルをベクトルに写す「変換」になっているということである．これを一次変換と呼ぶ．

11.1 ベクトルの一次変換

平面上の点 (x,y) は，1つの縦ベクトル $\boldsymbol{u} = \begin{bmatrix} x \\ y \end{bmatrix}$ であると考えることができる．

ベクトルと行列の積は，点 $\mathrm{P}(x,y)$ を，点 $\mathrm{P}'(x',y')$ に写す変換だと考えられる．例えば，

$$\begin{bmatrix} x' \\ y' \end{bmatrix} = \begin{bmatrix} 4 & 3 \\ 2 & -1 \end{bmatrix} \begin{bmatrix} x \\ y \end{bmatrix}$$

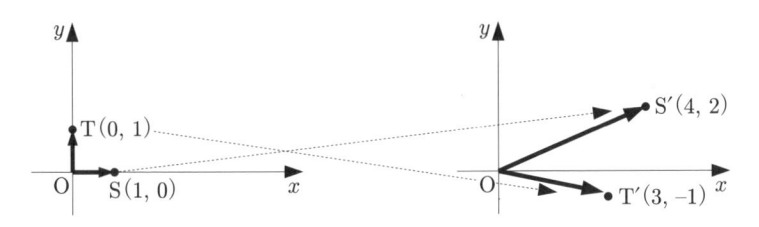

は，その例である．この変換で，点 $\mathrm{S}(1,0)$，点 $\mathrm{T}(0,1)$ は，それぞれ，$\mathrm{S}'(4,2)$，$\mathrm{T}'(3,-1)$ に写る（図 11.1）．

図 11.1 行列による変換

このように，ベクトル $\boldsymbol{u}$ に，$A\boldsymbol{u}$ を対応させる**写像**

$$\boldsymbol{u} \mapsto A\boldsymbol{u}$$

を，**一次変換**または**線形変換**と呼ぶ．

11.2 ロボットアームと回転行列

一次変換はさまざまな用途に利用される．例えば，ロボットアーム（マニピュレータ）を正確に動かすには，所定の軸に対する回転を表現する変換が必要になる．回転を表現する変換は一次変換である．図 11.2 のように座標系を取ると，アーム先端部が $P(x, y, z)$ にある場合，これを角 θ だけ回転させたときのアーム先端部の座標 $P'(x', y', z')$ は，

$$\begin{bmatrix} x' \\ y' \\ z' \end{bmatrix} = \begin{bmatrix} \cos\theta & -\sin\theta & 0 \\ \sin\theta & \cos\theta & 0 \\ 0 & 0 & 1 \end{bmatrix} \begin{bmatrix} x \\ y \\ z \end{bmatrix}$$

という一次変換で表現することができる．回転は基本的には平面上の一次変換なので，

$$\begin{bmatrix} \cos\theta & -\sin\theta \\ \sin\theta & \cos\theta \end{bmatrix}$$

が重要である．これを**回転行列**という．回転行列を導いておこう．

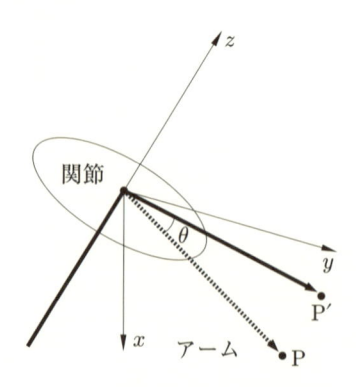

図 11.2 ロボットアームの関節部回転

座標平面上で，原点 O を中心として点 $P(x, y)$ を角 θ だけ回転した点 $P'(x', y')$ に写す回転行列は，以下のようにして導くことができる．図 11.3 のように，OP$= r$ とし，線分 OP と x 軸のなす角を ω とすると

$$x = r\cos\omega, \; y = r\sin\omega \tag{11.1}$$

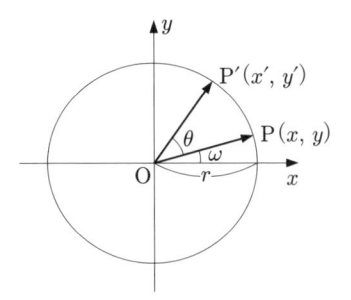

図11.3 行列による変換

と表せる．回転で長さは変わらない．また $OP' = r$．線分 OP' と x 軸のなす角は $\omega + \theta$ であるから

$$x' = r\cos(\omega + \theta), \quad y' = r\sin(\omega + \theta)$$

と表せる．三角関数の加法定理[*4] と，式 (11.1) より

$$\begin{aligned}
x' &= r\cos\omega\cos\theta - r\sin\omega\sin\theta \\
&= x\cos\theta - y\sin\theta \\
y' &= r\sin\omega\cos\theta + r\cos\omega\sin\theta \\
&= y\cos\theta + x\sin\theta \\
&= x\sin\theta + y\cos\theta
\end{aligned}$$

となるので，

$$\begin{cases} x' = x\cos\theta - y\sin\theta \\ y' = x\sin\theta + y\cos\theta \end{cases}$$

となる．したがって，原点 O を中心とし，角 θ の回転移動は，次の式で表される一次変換であることが分かる．

角 θ の回転移動

$$\begin{bmatrix} x' \\ y' \end{bmatrix} = \begin{bmatrix} \cos\theta & -\sin\theta \\ \sin\theta & \cos\theta \end{bmatrix} \begin{bmatrix} x \\ y \end{bmatrix}$$

[*4] 一般に，角 α, β に対して，$\sin(\alpha+\beta) = \sin\alpha\cos\beta + \cos\alpha\sin\beta$, $\cos(\alpha+\beta) = \cos\alpha\cos\beta - \sin\alpha\sin\beta$ が成り立つ．

> **問 34**
> $\dfrac{\pi}{6}$ の回転移動の一次変換をかけ.

11.3 直線に対する折り返しの変換

回転と並んで重要な変換に，直線に対する折り返しがある．

原点を通り，x 軸とのなす角が θ であるような直線 ℓ に対する折り返しを表現する行列を求めよう．

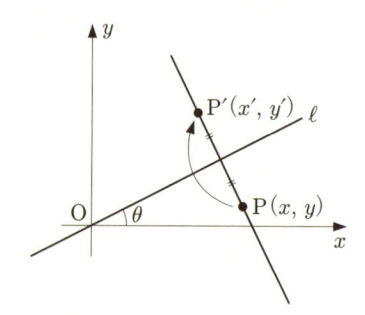

図 11.4 直線に対する折り返し

x 軸とのなす角が θ であるような直線 ℓ の式は，

$$\ell : y\cos\theta = x\sin\theta \tag{11.2}$$

とかくことができる．傾きを用いなかったのは，y 軸に平行になる場合も含めるためである．P と P' の中点が ℓ 上にあるので，式 (11.2) から，

$$\frac{y+y'}{2}\cos\theta = \frac{x+x'}{2}\sin\theta \tag{11.3}$$

が成り立つ．また，PP' は，ℓ に垂直であるから，

$$(y'-y)\sin\theta = -(x'-x)\cos\theta \tag{11.4}$$

式 (11.3) と式 (11.4) を整理すると，

$$x'\sin\theta - y'\cos\theta = -x\sin\theta + y\cos\theta$$
$$x'\cos\theta + y'\sin\theta = x\cos\theta + y\sin\theta$$

となるので,

$$\begin{bmatrix} \sin\theta & -\cos\theta \\ \cos\theta & \sin\theta \end{bmatrix} \begin{bmatrix} x' \\ y' \end{bmatrix} = \begin{bmatrix} -\sin\theta & \cos\theta \\ \cos\theta & \sin\theta \end{bmatrix} \begin{bmatrix} x \\ y \end{bmatrix} \tag{11.5}$$

となる. よって,

$$\begin{bmatrix} x' \\ y' \end{bmatrix} = \begin{bmatrix} \sin\theta & -\cos\theta \\ \cos\theta & \sin\theta \end{bmatrix}^{-1} \begin{bmatrix} -\sin\theta & \cos\theta \\ \cos\theta & \sin\theta \end{bmatrix} \begin{bmatrix} x \\ y \end{bmatrix}$$

$$= \begin{bmatrix} \sin\theta & \cos\theta \\ -\cos\theta & \sin\theta \end{bmatrix} \begin{bmatrix} -\sin\theta & \cos\theta \\ \cos\theta & \sin\theta \end{bmatrix} \begin{bmatrix} x \\ y \end{bmatrix}$$

$$= \begin{bmatrix} -\sin^2\theta + \cos^2\theta & 2\sin\theta\cos\theta \\ 2\sin\theta\cos\theta & -\cos^2\theta + \sin^2\theta \end{bmatrix} \begin{bmatrix} x \\ y \end{bmatrix}$$

$$= \begin{bmatrix} \cos 2\theta & \sin 2\theta \\ \sin 2\theta & -\cos 2\theta \end{bmatrix} \begin{bmatrix} x \\ y \end{bmatrix}$$

となる.

---

x 軸とのなす角が θ の直線に対する折り返し

$$\begin{bmatrix} x' \\ y' \end{bmatrix} = \begin{bmatrix} \cos 2\theta & \sin 2\theta \\ \sin 2\theta & -\cos 2\theta \end{bmatrix} \begin{bmatrix} x \\ y \end{bmatrix}$$

問 35

x 軸とのなす角が $\dfrac{\pi}{6}$ の直線に対する折り返しの一次変換をかけ.

11.4 一次変換と行列式

　三角形や四角形などを回転や折り返しで変換しても, 元の図形と合同になる. これらは**合同変換**と呼ばれる一次変換である.

　一般には, 一次変換によって図形は形を変える. 先に挙げた一次変換

$$\begin{bmatrix} x' \\ y' \end{bmatrix} = \begin{bmatrix} 4 & 3 \\ 2 & -1 \end{bmatrix} \begin{bmatrix} x \\ y \end{bmatrix}$$

では，原点 O, S(1,0), T(0,1), U(1,1) で囲まれる正方形は，O, S'(4,2), T'(3,-1), U'(7,1) で囲まれる平行四辺形に写る．平行四辺形 OS'U'T' の面積は，T', S' を通る直線と x 軸の交点が，$\left(\dfrac{10}{3}, 0\right)$ であることから，$1 \times \dfrac{10}{3} + 2 \times \dfrac{10}{3} = 10$ となる．つまり，面積は，この一次変換によって 10 倍になっている．実は，これは，この一次変換を表す行列の行列式の値

$$\begin{vmatrix} 4 & 3 \\ 2 & -1 \end{vmatrix} = -10$$

の絶対値と一致している．これは一般に成り立つ．

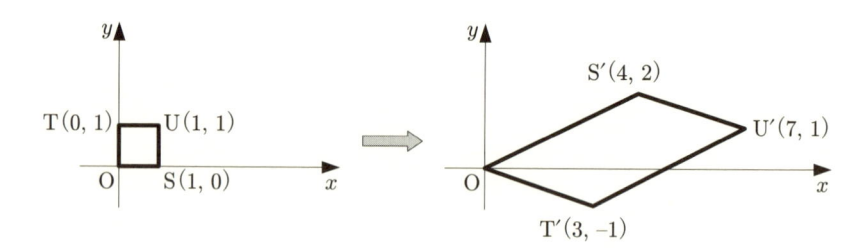

図11.5 平行四辺形の一次変換

定理 11.1

平面において，ベクトル u_1, u_2 のつくる平行四辺形（正方形や長方形も含む）の面積は，2×2 行列 A による一次変換 $u \mapsto Au$ によって，$|\det A|$ 倍される．

[**解説**] u_1, u_2 を成分表示して，

$$u_1 = \begin{bmatrix} p \\ q \end{bmatrix}, \quad u_2 = \begin{bmatrix} r \\ s \end{bmatrix}$$

とする．このとき，u_1, u_2 のつくる平行四辺形の面積 S は，2 つのベクトルのなす角を $\theta (0 \le \theta \le \pi)$ として $S = \|u_1\|\|u_2\|\sin\theta$ であるから，

11.4 一次変換と行列式

$$S = \|\boldsymbol{u}_1\|\|\boldsymbol{u}_2\|\sin\theta$$
$$= \|\boldsymbol{u}_1\|\|\boldsymbol{u}_2\|\sqrt{1 - \frac{(\boldsymbol{u}_1, \boldsymbol{u}_2)^2}{\|\boldsymbol{u}_1\|^2\|\boldsymbol{u}_2\|^2}}$$
$$= \sqrt{\|\boldsymbol{u}_1\|^2\|\boldsymbol{u}_2\|^2 - (\boldsymbol{u}_1, \boldsymbol{u}_2)^2}$$
$$= \sqrt{(p^2+q^2)(r^2+s^2) - (pr+qs)^2}$$
$$= \sqrt{p^2s^2 - 2prqs + r^2q^2} = \sqrt{(ps-rq)^2} = |ps-rq|$$

これがちょうど，$|\det[\boldsymbol{u}_1\ \boldsymbol{u}_2]|$ になっていることに注目しよう．この性質を利用すると，$A\boldsymbol{u}_1, A\boldsymbol{u}_2$ のつくる平行四辺形の面積 S' は，

$$S' = |\det[A\boldsymbol{u}_1\ A\boldsymbol{u}_2]|$$
$$= |\det(A[\boldsymbol{u}_1\ \boldsymbol{u}_2])|$$
$$= |\det A| \cdot |\det[\boldsymbol{u}_1\ \boldsymbol{u}_2]| = |\det A| \cdot S$$

となる．□

この性質は，空間ベクトルに対する一次変換に対しても一般化できる．

定理 11.2

空間において，ベクトル $\boldsymbol{u}_1, \boldsymbol{u}_2, \boldsymbol{u}_3$ のつくる平行六面体の体積は，3×3 行列 A による一次変換 $\boldsymbol{u} \mapsto A\boldsymbol{u}$ によって，$|\det A|$ 倍される．

[解説]

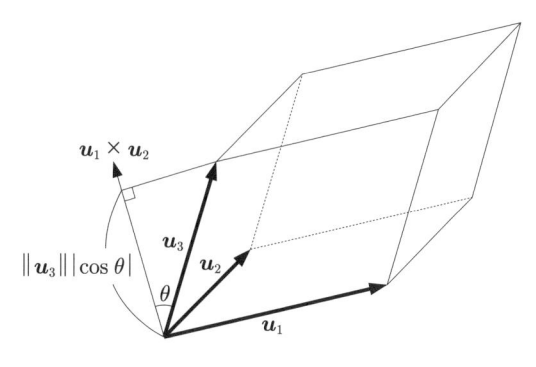

図 11.6 平行六面体

図 11.6 より，ベクトル u_1, u_2, u_3 のつくる平行六面体の体積 V は，u_1, u_2 のつくる平行四辺形の面積と，この平行六面体の高さ $\|u_3\||\cos\theta|$ (u_3 と $u_1 \times u_2$ のなす角を θ とした) の積である．u_1, u_2 のつくる平行四辺形の面積は，$\|u_1 \times u_2\|$ に等しいことに注意すれば，V は，

$$V = \|u_1 \times u_2\|\|u_3\||\cos\theta| = |(u_1 \times u_2, u_3)| \tag{11.6}$$

とかくことができる．式 (11.6) の右辺の絶対値の中は，ちょうど，u_1, u_2, u_3 をそれぞれ，1, 2, 3 列とした行列の行列式になっていることから，$V = |\det[u_1\ u_2\ u_3]|$ となる (第 9 章 章末問題 [**7**] 参照)．

したがって，Au_1, Au_2, Au_3 というベクトルのつくる平行六面体の体積 V' は，

$$\begin{aligned} V' &= |\det[Au_1\ Au_2\ Au_3]| \\ &= |\det(A[u_1\ u_2\ u_3])| \\ &= |\det A| \cdot |\det[u_1\ u_2\ u_3]| \\ &= |\det A| \cdot V \end{aligned}$$

となる．□

(**参考**) 一般の平面図形の面積も行列 A による一次変換で $|\det A|$ 倍される．同様に立体の場合，体積が $|\det A|$ 倍される．一般に平面図形は，微小な長方形が集まったものと見なせ (厳密にはそうとは限らないが，通常想像するような図形はそうである)，立体は微小な直方体の集まりと見なせるからである．

第11章 章末問題

[**1**] 本文の図 11.1 のように，次の一次変換について，点 $(1,0)$，点 $(0,1)$ がどの点に写るか座標平面に描け．

(1) $\begin{bmatrix} x' \\ y' \end{bmatrix} = \begin{bmatrix} 1 & 0 \\ 0 & 1 \end{bmatrix} \begin{bmatrix} x \\ y \end{bmatrix}$ (2) $\begin{bmatrix} x' \\ y' \end{bmatrix} = \begin{bmatrix} 3 & 0 \\ 0 & 3 \end{bmatrix} \begin{bmatrix} x \\ y \end{bmatrix}$

(3) $\begin{bmatrix} x' \\ y' \end{bmatrix} = \begin{bmatrix} 1 & -1 \\ 1 & 1 \end{bmatrix} \begin{bmatrix} x \\ y \end{bmatrix}$ (4) $\begin{bmatrix} x' \\ y' \end{bmatrix} = \begin{bmatrix} -2 & -1 \\ 5 & -2 \end{bmatrix} \begin{bmatrix} x \\ y \end{bmatrix}$

((1) の一次変換を**恒等変換**という)

[**2**] 次の回転移動，折り返しを表す一次変換について，[**1**] と同様に座標平面に点を描け．

(1) $\begin{bmatrix} x' \\ y' \end{bmatrix} = \begin{bmatrix} \frac{\sqrt{2}}{2} & -\frac{\sqrt{2}}{2} \\ \frac{\sqrt{2}}{2} & \frac{\sqrt{2}}{2} \end{bmatrix} \begin{bmatrix} x \\ y \end{bmatrix}$ $\left(\frac{\pi}{4}\text{の回転移動}\right)$

(2) $\begin{bmatrix} x' \\ y' \end{bmatrix} = \begin{bmatrix} 0 & -1 \\ 1 & 0 \end{bmatrix} \begin{bmatrix} x \\ y \end{bmatrix}$ $\left(\frac{\pi}{2}\text{の回転移動}\right)$

(3) $\begin{bmatrix} x' \\ y' \end{bmatrix} = \begin{bmatrix} \frac{1}{2} & \frac{\sqrt{3}}{2} \\ \frac{\sqrt{3}}{2} & -\frac{1}{2} \end{bmatrix} \begin{bmatrix} x \\ y \end{bmatrix}$ $\left(x\text{軸とのなす角が}\frac{\pi}{6}\text{の直線に対する折り返し}\right)$

(4) $\begin{bmatrix} x' \\ y' \end{bmatrix} = \begin{bmatrix} -1 & 0 \\ 0 & 1 \end{bmatrix} \begin{bmatrix} x \\ y \end{bmatrix}$ $\left(x\text{軸とのなす角が}\frac{\pi}{2}\text{の直線に対する折り返し}\right)$

[**3**] 2つの一次変換, (i) $\begin{bmatrix} x' \\ y' \end{bmatrix} = A \begin{bmatrix} x \\ y \end{bmatrix}$, (ii) $\begin{bmatrix} x'' \\ y'' \end{bmatrix} = B \begin{bmatrix} x' \\ y' \end{bmatrix}$ (A, B は 2 次の正方行列)，に対して，行列 A, B の積 BA をつくり，$\begin{bmatrix} x'' \\ y'' \end{bmatrix} = BA \begin{bmatrix} x \\ y \end{bmatrix}$ として新しい一次変換をつくることができる．この一次変換によって点 (x, y) は，$(x, y) \xrightarrow{A} (x', y') \xrightarrow{B} (x'', y'')$ と写ることになる．これを一次変換 (i), (ii) の**合成変換**という．次の問に答えよ．

(1) $\frac{\pi}{3}$ の回転移動と $\frac{\pi}{6}$ の回転移動の合成変換は，どのような一次変換になるか．

(2) x 軸とのなす角が θ の直線に対する折り返しの一次変換を 2 回行う合成変換

は，どのような一次変換になるか．

[**4**] 一次変換 $\begin{bmatrix} x' \\ y' \end{bmatrix} = \begin{bmatrix} 2 & -5 \\ 1 & 2 \end{bmatrix} \begin{bmatrix} x \\ y \end{bmatrix}$ について次の問に答えよ．

(1) 点 $A(0,1), B(1,1), C(1,0)$ をこの変換で写した先の点をそれぞれ A', B', C' とする．このとき四角形 $OA'B'C'$ が平行四辺形となることを示せ．

(2) この四角形 $OA'B'C'$ の面積を求めよ．

[**5**] 次の問に答えよ．

(1) 直線 $y = mx$ と x 軸のなす角を θ とするとき
$\sin\theta = \dfrac{m}{\sqrt{1+m^2}}, \cos\theta = \dfrac{1}{\sqrt{1+m^2}}$ であることを示せ．

(2) 直線 $y = mx$ に対する折り返しの一次変換を m を用いて表せ．

[**6**] 次の問に答えよ．

(1) 一次変換 $\begin{bmatrix} x' \\ y' \end{bmatrix} = \begin{bmatrix} 2 & 3 \\ -1 & 2 \end{bmatrix} \begin{bmatrix} x \\ y \end{bmatrix}$ により，$e_1 = \begin{bmatrix} 1 \\ 0 \end{bmatrix}, e_2 = \begin{bmatrix} 0 \\ 1 \end{bmatrix}$ のつくる正方形の面積は何倍になるか．

(2) 一次変換 $\begin{bmatrix} x' \\ y' \\ z' \end{bmatrix} = \begin{bmatrix} 2 & 1 & -1 \\ 3 & 0 & 2 \\ 1 & 3 & -1 \end{bmatrix} \begin{bmatrix} x \\ y \\ z \end{bmatrix}$ により，$e_1 = \begin{bmatrix} 1 \\ 0 \\ 0 \end{bmatrix}, e_2 = \begin{bmatrix} 0 \\ 1 \\ 0 \end{bmatrix}$, $e_3 = \begin{bmatrix} 0 \\ 0 \\ 1 \end{bmatrix}$ のつくる立方体の体積は何倍になるか．

[**7**] 次の問に答えよ．

(1) 点 $P(2,-1)$ を原点 O を中心に $-\dfrac{\pi}{6}$ だけ回転すると，どのような点に写るか．

(2) 直線 $y = 2x$ に対し，点 $P(-1,3)$ と線対称な点を求めよ．

(3) 点 $P(a,2)$ は $\dfrac{\pi}{6}$ の回転移動と $y = x$ に対する折り返しで同じ点へ写るという．a の値を求めよ．

第12章 ベクトルの一次独立,一次従属

12.1 逆行列をもつ条件を横ベクトルの条件で表現する

基本変形で逆行列を求める際,逆行列があるかないかは,どこかにすべて 0 となる行が現れるかどうかで判定できたことを思い出そう.例えば,

$$A = \begin{bmatrix} 1 & 1 & 2 \\ 3 & 2 & -1 \\ 5 & 4 & 3 \end{bmatrix}$$

を基本変形してランクを求めてみよう.

$$\begin{bmatrix} 1 & 1 & 2 \\ 3 & 2 & -1 \\ 5 & 4 & 3 \end{bmatrix} \to \begin{bmatrix} 1 & 1 & 2 \\ 0 & -1 & -7 \\ 0 & -1 & -7 \end{bmatrix}$$

$$\to \begin{bmatrix} 1 & 1 & 2 \\ 0 & -1 & -7 \\ 0 & 0 & 0 \end{bmatrix}$$

となり,ランクが 2 であることが分かる.ここで,行に関する基本変形の過程を見直してみよう.今,A の 3 つの行を横ベクトルと見なして,

$$\boldsymbol{u}_1 = \begin{bmatrix} 1 & 1 & 2 \end{bmatrix}, \quad \boldsymbol{u}_2 = \begin{bmatrix} 3 & 2 & -1 \end{bmatrix}, \quad \boldsymbol{u}_3 = \begin{bmatrix} 5 & 4 & 3 \end{bmatrix}$$

としよう.すると,今の基本変形は,以下のようにかくことができる.

$$\begin{bmatrix} \boldsymbol{u}_1 \\ \boldsymbol{u}_2 \\ \boldsymbol{u}_3 \end{bmatrix} \to \begin{bmatrix} \boldsymbol{u}_1 \\ -3\boldsymbol{u}_1 + \boldsymbol{u}_2 \\ -5\boldsymbol{u}_1 + \boldsymbol{u}_3 \end{bmatrix}$$

$$\rightarrow \begin{bmatrix} u_1 \\ -3u_1 + u_2 \\ -5u_1 + u_3 - (-3u_1 + u_2) \end{bmatrix}$$

$$\rightarrow \begin{bmatrix} u_1 \\ -3u_1 + u_2 \\ -2u_1 - u_2 + u_3 \end{bmatrix}$$

第 3 行の成分はすべて 0 になるので,

$$-2u_1 - u_2 + u_3 = \mathbf{0}$$

となっていることが分かる.

一方,

$$\begin{bmatrix} 1 & 0 & 0 \\ 0 & 1 & 0 \\ 0 & 0 & 1 \end{bmatrix}$$

の場合には,3 つの横ベクトル

$$e_1 = [\ 1\ \ 0\ \ 0\ ],\ \ e_2 = [\ 0\ \ 1\ \ 0\ ],\ \ e_3 = [\ 0\ \ 0\ \ 1\ ]$$

を使って零ベクトルをつくるには,

$$0e_1 + 0e_2 + 0e_3 = \mathbf{0}$$

とする以外にない.

定義 12.1

与えられた k 個のベクトル(縦でも横でも同じ):$u_1, u_2, \cdots, u_k$ とスカラー $c_1, c_2, \cdots, c_k$ を用いてつくったベクトル:

$$c_1 u_1 + c_2 u_2 + \cdots + c_k u_k$$

を $u_1, u_2, \cdots, u_k$ の**一次結合**という.

この言葉を用いて,先ほど見た 2 つの状況を表現しておこう.

12.1 逆行列をもつ条件を横ベクトルの条件で表現する

定義 12.2

与えられた k 個のベクトル $\boldsymbol{u}_1, \boldsymbol{u}_2, \cdots, \boldsymbol{u}_k$ の一次結合が，次のように

$$c_1 \boldsymbol{u}_1 + c_2 \boldsymbol{u}_2 + \cdots + c_k \boldsymbol{u}_k = \boldsymbol{0}$$

と零ベクトルになるようなスカラーの組が，$(c_1, c_2, \cdots, c_k) = (0, 0, \cdots, 0)$ 以外に存在しないとき，$\boldsymbol{u}_1, \boldsymbol{u}_2, \cdots, \boldsymbol{u}_k$ は**一次独立**であるといい，そうでないとき，**一次従属**であるという．

つまり，先ほどの $\boldsymbol{u}_1, \boldsymbol{u}_2, \boldsymbol{u}_3$ は，一次従属であり，$\boldsymbol{e}_1, \boldsymbol{e}_2, \boldsymbol{e}_3$ は，一次独立である．

また，一次従属の場合，先ほど見た例において，

$$-2\boldsymbol{u}_1 - \boldsymbol{u}_2 + \boldsymbol{u}_3 = \boldsymbol{0}$$

が成り立っていたから，

$$\boldsymbol{u}_3 = 2\boldsymbol{u}_1 + \boldsymbol{u}_2$$

となっている（図 12.1）．

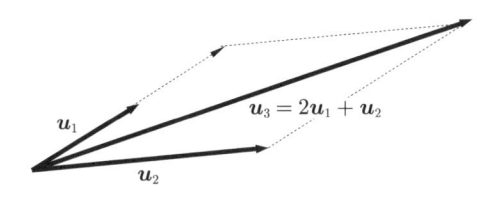

図 12.1 一次従属な場合

これは，$\boldsymbol{u}_1, \boldsymbol{u}_2$ の一次結合全体がつくる「平面」に $\boldsymbol{u}_3$ が含まれていることを意味している．この 3 つのベクトルの一次結合では，どんなに頑張っても，この平面にあるベクトルしかつくることができないのである．

それに対して $\boldsymbol{e}_1, \boldsymbol{e}_2, \boldsymbol{e}_3$ の一次結合は，任意の $\boldsymbol{x} = [x \ y \ z]$ について $\boldsymbol{x} = x\boldsymbol{e}_1 + y\boldsymbol{e}_2 + z\boldsymbol{e}_3$ とかくことができ，空間のすべてのベクトルを表すことができる．

このようなことから，行列 A が逆行列をもつ条件を次のように言い換えることができる．

定理 12.3

正方行列 A が逆行列をもつことと，A の横ベクトル（縦ベクトル）が一次独立であることは同値である．

例 28

$\boldsymbol{R}^3$ の3つのベクトル $\boldsymbol{u}_1 = [1\ 2\ 1]$, $\boldsymbol{u}_2 = [-1\ -1\ 0]$, $\boldsymbol{u}_3 = [3\ 4\ 2]$ が，一次独立か一次従属かを調べてみよう．

これらのベクトルを行とした行列を基本変形すると

$$\begin{bmatrix} 1 & 2 & 1 \\ -1 & -1 & 0 \\ 3 & 4 & 2 \end{bmatrix} \rightarrow \begin{bmatrix} 1 & 2 & 1 \\ 0 & 1 & 1 \\ 0 & -2 & -1 \end{bmatrix}$$

$$\rightarrow \begin{bmatrix} 1 & 0 & -1 \\ 0 & 1 & 1 \\ 0 & 0 & 1 \end{bmatrix}$$

となり，ランクが3となるから，$\boldsymbol{u}_1, \boldsymbol{u}_2, \boldsymbol{u}_3$ は一次独立である．

問 36

$\boldsymbol{R}^3$ の3つのベクトル $\boldsymbol{u}_1 = [1\ 2\ 1]$, $\boldsymbol{u}_2 = [-1\ -1\ 0]$, $\boldsymbol{u}_3 = [2\ 1\ -1]$ が一次従属であることを示せ．

12.2 基底

次の定理は，後に用いる重要なものである．

定理 12.4

$\boldsymbol{R}^n$ に n 個の一次独立なベクトル $\boldsymbol{u}_1, \boldsymbol{u}_2, \cdots, \boldsymbol{u}_n$ があれば，$\boldsymbol{R}^n$ のどんなベクトル $\boldsymbol{u}$ も，$\boldsymbol{u}_1, \boldsymbol{u}_2, \cdots, \boldsymbol{u}_n$ の一次結合で一通りに表すことができる．

[解説] 方程式

$$\boldsymbol{v} = c_1 \boldsymbol{u}_1 + c_2 \boldsymbol{u}_2 + \cdots + c_n \boldsymbol{u}_n \tag{12.1}$$

となるような $c_1, c_2, \cdots, c_n$ が1つだけ存在することを示せばよい．式 (12.1) を行列

12.2 基底

表示すると,

$$v = [u_1 \ u_2 \ \cdots u_n] \begin{bmatrix} c_1 \\ c_2 \\ \vdots \\ c_n \end{bmatrix} \tag{12.2}$$

とかくことができる. 定理 12.3 より, $[u_1 \ u_2 \ \cdots u_n]$ は逆行列をもつので, 式 (12.2) から,

$$\begin{bmatrix} c_1 \\ c_2 \\ \vdots \\ c_n \end{bmatrix} = [u_1 \ u_2 \ \cdots u_n]^{-1} v$$

となり, 一通りに表すことができる. □

定義 12.5
定理 12.4 のように R^n の n 個の一次独立なベクトルの組を R^n の**基底**という.

先ほどの e_1, e_2, e_3 は R^3 の一次独立な 3 個のベクトルであり, R^3 の基底である. 一般に

$$e_1 = \begin{bmatrix} 1 \\ 0 \\ \vdots \\ 0 \end{bmatrix}, \ e_2 = \begin{bmatrix} 0 \\ 1 \\ \vdots \\ 0 \end{bmatrix}, \ \cdots, \ e_n = \begin{bmatrix} 0 \\ 0 \\ \vdots \\ 1 \end{bmatrix}$$

のように基本ベクトルからなる R^n の基底を R^n の**標準基底**という. ここでは縦ベクトルで表現したが, 横ベクトルでも同様である.

問 37
R^3 の 3 つのベクトル $u_1 = [2 \ 1 \ 3]$, $u_2 = [1 \ 2 \ 0]$, $u_3 = [-1 \ -3 \ 2]$ が基底となることを確かめよ.

第12章 章末問題

[1] 次のベクトルが一次独立か，一次従属かを調べよ．
 (1) $u_1 = [1\ 0\ 0]$, $u_2 = [1\ 1\ 0]$, $u_3 = [1\ 1\ 1]$
 (2) $u_1 = [1\ -2\ 1]$, $u_2 = [1\ -1\ -1]$, $u_3 = [3\ -4\ -1]$
 (3) $u_1 = [2\ 1\ -1]$, $u_2 = [-3\ -1\ 1]$, $u_3 = [-1\ 1\ 1]$
 (4) $u_1 = [1\ -1\ 2]$, $u_2 = [2\ 1\ 1]$, $u_3 = [3\ -2\ 1]$, $u_4 = [1\ 2\ 2]$
 (5) $u_1 = [1\ -2\ 3\ 1]$, $u_2 = [3\ -5\ 4\ 2]$, $u_3 = [-1\ 1\ 2\ 1]$
 (6) $u_1 = [-2\ -1\ 1\ -3]$, $u_2 = [1\ 0\ 1\ -1]$,
   $u_3 = [4\ 1\ 1\ 1]$, $u_4 = [5\ 2\ -3\ 2]$

[2] k 個のベクトル $u_1, u_2, \cdots, u_k$ が，(i) 一次従属であるということ，と (ii) $u_1, u_2, \cdots, u_k$ のうち少なくとも1個のベクトルが他の $k-1$ 個のベクトルの一次結合でかける，ということが同値であることを示すため，次の問に答えよ．
 (1) $u_1, \cdots, u_k$ が一次従属であることの定義を利用して，(i)→(ii) を示せ．
 (2) (ii)→(i) を示せ．

[3] n 個の n 次の横ベクトル $u_1, u_2, \cdots, u_n$ が一次独立であることと，行列式
$$\begin{vmatrix} u_1 \\ u_2 \\ \vdots \\ u_n \end{vmatrix} \neq 0$$
であることが同値であることを示せ．

[4] $\boldsymbol{R}^3$ の3つのベクトル $[1\ 2\ -1], [2\ 0\ 1], [4\ -1\ 3]$ について次の問に答えよ．
 (1) $\boldsymbol{R}^3$ の基底となることを示せ．
 (2) ベクトル $[1\ 3\ -2]$ をこれらのベクトルの一次結合で表せ．

第13章 固有値と固有ベクトル

第 1 章で触れたように，行列の固有値は，物理的にも興味深い量である．ここでは，固有値と固有ベクトルの数学的な定義と求め方について説明する．

まず例として，折り返しの一次変換の行列を思い出そう．T を，原点を通って x 軸と角 θ をなす直線 ℓ に対する折り返しの一次変換とすると，

$$T = \begin{bmatrix} \cos 2\theta & \sin 2\theta \\ \sin 2\theta & -\cos 2\theta \end{bmatrix}$$

であった．この一次変換は ℓ 上の点は動かさないはずである．つまり，ℓ の方向ベクトル $\boldsymbol{u}_1 = \begin{bmatrix} \cos \theta \\ \sin \theta \end{bmatrix}$ に対して，

$$\begin{aligned} T\boldsymbol{u}_1 &= \begin{bmatrix} \cos 2\theta & \sin 2\theta \\ \sin 2\theta & -\cos 2\theta \end{bmatrix} \begin{bmatrix} \cos \theta \\ \sin \theta \end{bmatrix} \\ &= \begin{bmatrix} \cos 2\theta \cos \theta + \sin 2\theta \sin \theta \\ \sin 2\theta \cos \theta - \cos 2\theta \sin \theta \end{bmatrix} \\ &= \begin{bmatrix} \cos(2\theta - \theta) \\ \sin(2\theta - \theta) \end{bmatrix} = \begin{bmatrix} \cos \theta \\ \sin \theta \end{bmatrix} = \boldsymbol{u}_1 \end{aligned}$$

が成り立つ．また，原点を通り，ℓ に垂直な直線上の点は，ちょうど逆向きになるはずだ．このような方向のベクトル $\boldsymbol{u}_2 = \begin{bmatrix} \sin \theta \\ -\cos \theta \end{bmatrix}$ に対して，

$$\begin{aligned} T\boldsymbol{u}_2 &= \begin{bmatrix} \cos 2\theta & \sin 2\theta \\ \sin 2\theta & -\cos 2\theta \end{bmatrix} \begin{bmatrix} \sin \theta \\ -\cos \theta \end{bmatrix} \\ &= \begin{bmatrix} \cos 2\theta \sin \theta - \sin 2\theta \cos \theta \\ \sin 2\theta \sin \theta + \cos 2\theta \cos \theta \end{bmatrix} \end{aligned}$$

$$= \begin{bmatrix} -\sin(2\theta - \theta) \\ \cos(2\theta - \theta) \end{bmatrix} = -\begin{bmatrix} \sin\theta \\ -\cos\theta \end{bmatrix} = -\boldsymbol{u}_2$$

が成り立っている (図 13.1).

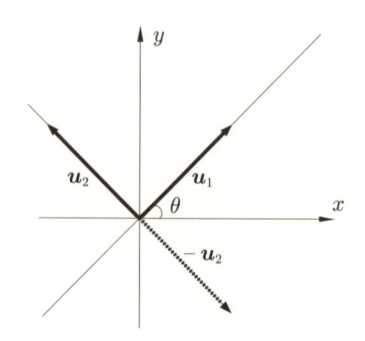

図 13.1 T で定数倍されるベクトル

このように，$\boldsymbol{u}_1, \boldsymbol{u}_2$ は共に，T による一次変換で元のベクトルの定数倍になっている．

T に関しては，折り返しの性質から，このようなベクトルを容易に見つけることができた．一般の正方行列に関しては，このようなベクトルはあるだろうか．

13.1 固有値と固有ベクトルの定義と例

この問題を考えるために，今の話を一般化した次の定義をしておこう．

> **定義 13.1**
>
> $$A\boldsymbol{u} = \lambda \boldsymbol{u}$$
>
> となるような**零ベクトルでない**ベクトル $\boldsymbol{u}$ と，スカラー λ が存在するとき，λ を A の**固有値**，$\boldsymbol{u}$ を λ に対する**固有ベクトル**という．

ここで，固有ベクトルが零ベクトルでないことは重要である．なぜなら，$\boldsymbol{u} = \boldsymbol{0}$ に対しては，$A\boldsymbol{u} = \lambda \boldsymbol{u}$ は，どんなスカラー λ に対しても常に成り立つので，定義の意味がないからである．

13.1 固有値と固有ベクトルの定義と例

命題 13.2

λ が A の固有値であることは，$|\lambda I - A| = 0$ であることと同値である．

[解説] λ が A の固有値であるとし，$\boldsymbol{u}$ を λ に対する固有ベクトルとしよう．このとき，$A\boldsymbol{u} = \lambda \boldsymbol{u}$ であるが，$\lambda \boldsymbol{u} = \lambda I \boldsymbol{u}$ であることに注意し，移項して整理すると，

$$(\lambda I - A)\boldsymbol{u} = \boldsymbol{0} \tag{13.1}$$

となる．このとき，式 (13.1) の左辺の行列 $\lambda I - A$ が逆行列をもてば，両辺に左から $(\lambda I - A)^{-1}$ を掛けて，$\boldsymbol{u} = \boldsymbol{0}$ となってしまう．しかし，固有ベクトルは零ベクトルではないので，$\lambda I - A$ は逆行列をもたない．よって，定理 8.2 より，$|\lambda I - A| = 0$. 逆に，$|\lambda I - A| = 0$ とすると，$\lambda I - A$ は逆行列をもたない．これは，$\lambda I - A$ を行基本変形したときに，すべてが 0 になる行が現れることを示している．つまり A のランクは，A の次数よりも小さい．これは，第 3 章で見たように，$\boldsymbol{u}$ に関する連立方程式 $(\lambda I - A)\boldsymbol{u} = \boldsymbol{0}$ を解いたとき，パラメータが 1 つ以上現れることを示している．よって，$\boldsymbol{u} \neq \boldsymbol{0}$ で，$(\lambda I - A)\boldsymbol{u} = \boldsymbol{0}$ をみたすものが存在する．□

定義 13.3

命題 13.2 に現れる $\varphi_A(\lambda) = |\lambda I - A|$ は，A の次数を n とするとき，n 次の多項式になる．$\varphi_A(\lambda)$ を，A の**固有多項式**といい，$\varphi_A(\lambda) = |\lambda I - A| = 0$ を，A の**固有方程式**という．

固有方程式が解[*5]をもつこと，つまり，固有値が存在することは以下の命題で保証される．

命題 13.4

n 次の行列 A の固有方程式 $\varphi_A(\lambda) = 0$ は，複素数の範囲で（重複度も含めて）n 個の解をもつ．

命題 13.4 は，「代数学の基本定理」[*6]（証明略）から導かれる．

実例を計算してみよう．

[*5] 「根」(root) と呼ぶ方が一般的であるが，高等学校の教科書にならって「解」とした．
[*6] 複素数を係数とする n 次の多項式 $f(x) = a_n x^n + a_{n-1} x^{n-1} + \cdots + a_1 x + a_0$ に対して $f(\alpha) = 0$ をみたす複素数 α が必ず存在する．

例 29 以下の行列の固有値と固有ベクトルを求めよ．

$$A = \begin{bmatrix} 0 & 1 & -1 \\ 1 & -2 & -1 \\ -1 & -1 & -2 \end{bmatrix}$$

[解説] まず，固有値を求めよう．

$$\varphi_A(\lambda) = |\lambda I - A| = \begin{vmatrix} \lambda & -1 & 1 \\ -1 & \lambda+2 & 1 \\ 1 & 1 & \lambda+2 \end{vmatrix}$$
$$= (\lambda+2)(\lambda+3)(\lambda-1)$$
$$= 0$$

となるので，固有値は，$\lambda = -2, -3, 1$ である．

固有ベクトルを求めるには，各固有値 λ に対して，連立方程式 $(\lambda I - A)\boldsymbol{u} = \boldsymbol{0}$ を解けばよい．まず，$\lambda = -2$ のときは，

$$(-2I - A)\boldsymbol{u} = \begin{bmatrix} -2 & -1 & 1 \\ -1 & 0 & 1 \\ 1 & 1 & 0 \end{bmatrix} \begin{bmatrix} x \\ y \\ z \end{bmatrix} = \begin{bmatrix} 0 \\ 0 \\ 0 \end{bmatrix}$$

を解けばよい．基本変形を利用して解いてみよう．

$$\begin{bmatrix} -2 & -1 & 1 & | & 0 \\ -1 & 0 & 1 & | & 0 \\ 1 & 1 & 0 & | & 0 \end{bmatrix} \rightarrow \begin{bmatrix} 1 & 1 & 0 & | & 0 \\ -1 & 0 & 1 & | & 0 \\ -2 & -1 & 1 & | & 0 \end{bmatrix}$$
$$\rightarrow \begin{bmatrix} 1 & 1 & 0 & | & 0 \\ 0 & 1 & 1 & | & 0 \\ 0 & 1 & 1 & | & 0 \end{bmatrix}$$

13.1 固有値と固有ベクトルの定義と例

$$\rightarrow \begin{bmatrix} 1 & 0 & -1 & | & 0 \\ 0 & 1 & 1 & | & 0 \\ 0 & 0 & 0 & | & 0 \end{bmatrix}$$

となる．これは，

$$\begin{cases} x - z = 0 \\ y + z = 0 \end{cases}$$

を意味しているので，$z = t_1$ をパラメータとして，

$$\begin{bmatrix} x \\ y \\ z \end{bmatrix} = t_1 \begin{bmatrix} 1 \\ -1 \\ 1 \end{bmatrix} \quad (t_1 \neq 0)$$

となる．$\lambda = -3, \lambda = 1$ のときも同様に連立方程式を解いて，それぞれに対する固有ベクトルは，

$$\begin{bmatrix} x \\ y \\ z \end{bmatrix} = t_2 \begin{bmatrix} 0 \\ 1 \\ 1 \end{bmatrix}, \quad t_3 \begin{bmatrix} -2 \\ -1 \\ 1 \end{bmatrix} \quad (t_2 \neq 0, t_3 \neq 0)$$

となる．まとめると，A は，固有値 $\lambda = -2, -3, 1$ をもち，対応する固有ベクトルは，それぞれ，

$$t_1 \begin{bmatrix} 1 \\ -1 \\ 1 \end{bmatrix}, \quad t_2 \begin{bmatrix} 0 \\ 1 \\ 1 \end{bmatrix}, \quad t_3 \begin{bmatrix} -2 \\ -1 \\ 1 \end{bmatrix} \quad (t_1 \neq 0, t_2 \neq 0, t_3 \neq 0)$$

となる．□

問 38
上記で省略した計算を補い，$\lambda = -3, 1$ に対する固有ベクトルを求めよ．

問 39
次の行列の固有値と固有ベクトルを求めよ．

$$\begin{bmatrix} 3 & 2 \\ 4 & 1 \end{bmatrix}$$

13.2 固有値が実数でない場合

例 29 では，固有値はすべて実数になったが，そうならないこともあることに注意しよう．

例 30

角 $\pi/4$ の回転行列：
$$R = \begin{bmatrix} \cos\frac{\pi}{4} & -\sin\frac{\pi}{4} \\ \sin\frac{\pi}{4} & \cos\frac{\pi}{4} \end{bmatrix} = \frac{1}{\sqrt{2}} \begin{bmatrix} 1 & -1 \\ 1 & 1 \end{bmatrix}$$

の固有値，固有ベクトルを求めてみる．

[**解説**] R で定まる一次変換を考えると，零ベクトル以外のベクトルは，すべて $\pi/4$ だけ回転してしまうので，実数の固有値は存在しない．

実際に固有値を求めてみよう．

$$\varphi_R(\lambda) = \begin{vmatrix} \lambda - \frac{1}{\sqrt{2}} & \frac{1}{\sqrt{2}} \\ -\frac{1}{\sqrt{2}} & \lambda - \frac{1}{\sqrt{2}} \end{vmatrix} = \left(\lambda - \frac{1}{\sqrt{2}}\right)^2 + \left(\frac{1}{\sqrt{2}}\right)^2 = 0$$

となるから，固有値は，

$$\lambda = \frac{1}{\sqrt{2}} \pm \frac{1}{\sqrt{2}}i$$

となり，複素数になる．対応する固有ベクトルを求めてみよう．$\lambda = \frac{1}{\sqrt{2}} \pm \frac{1}{\sqrt{2}}i$ に対して，次の連立方程式を解けばよい（複号同順）．

$$\begin{bmatrix} \pm\frac{1}{\sqrt{2}}i & \frac{1}{\sqrt{2}} \\ -\frac{1}{\sqrt{2}} & \pm\frac{1}{\sqrt{2}}i \end{bmatrix} \begin{bmatrix} x \\ y \end{bmatrix} = \begin{bmatrix} 0 \\ 0 \end{bmatrix}$$

これは，$\pm ix + y = 0$ と同値なので，求める固有ベクトルは，それぞれ，

$$\begin{bmatrix} x \\ y \end{bmatrix} = t_1 \begin{bmatrix} 1 \\ -i \end{bmatrix}, \quad t_2 \begin{bmatrix} 1 \\ i \end{bmatrix} \quad (t_1 \neq 0, t_2 \neq 0)$$

となる．□

また，固有方程式は重解をもつことがあり，このような場合は，扱いが一段複雑になる．このような場合については，第 14 章で考える．

13.3 異なる固有値に対応する固有ベクトルが一次独立であること

次章で，以下の定理を用いる．

定理 13.5

n 次の正方行列 A の固有値 $\lambda_1, \lambda_2, \cdots, \lambda_s (s \leq n)$ がすべて互いに異なるとき，対応する固有ベクトル $\boldsymbol{u}_1, \boldsymbol{u}_2, \cdots, \boldsymbol{u}_s$ は一次独立である．

[解説] $r < s$ に対して，$\boldsymbol{u}_1, \boldsymbol{u}_2, \cdots, \boldsymbol{u}_r$ が一次独立とするとき，$\boldsymbol{u}_1, \boldsymbol{u}_2, \cdots, \boldsymbol{u}_{r+1}$ も一次独立であることを示す．

今，スカラー $c_1, c_2, \cdots, c_{r+1}$ を用いて，

$$c_1 \boldsymbol{u}_1 + c_2 \boldsymbol{u}_2 + \cdots + c_{r+1} \boldsymbol{u}_{r+1} = \boldsymbol{0} \tag{13.2}$$

とかくことができるとする．この式の両辺に左から A を掛けることで，

$$c_1 A\boldsymbol{u}_1 + c_2 A\boldsymbol{u}_2 + \cdots + c_{r+1} A\boldsymbol{u}_{r+1} = \boldsymbol{0} \tag{13.3}$$

となるが，$A\boldsymbol{u}_j = \lambda_j \boldsymbol{u}_j (j = 1, 2, \cdots, r+1)$ であるから，式 (13.3) は，

$$c_1 \lambda_1 \boldsymbol{u}_1 + c_2 \lambda_2 \boldsymbol{u}_2 + \cdots + c_{r+1} \lambda_{r+1} \boldsymbol{u}_{r+1} = \boldsymbol{0} \tag{13.4}$$

となる．式 (13.2) の両辺に λ_{r+1} を掛けて式 (13.4) から引くと，

$$c_1 (\lambda_1 - \lambda_{r+1}) \boldsymbol{u}_1 + c_2 (\lambda_2 - \lambda_{r+1}) \boldsymbol{u}_2 + \cdots + c_r (\lambda_r - \lambda_{r+1}) \boldsymbol{u}_r = \boldsymbol{0}$$

となる．仮定より，固有値は互いに異なるので，$\lambda_k - \lambda_{r+1} \neq 0 \ (k = 1, 2, \cdots, r)$ であり，$\boldsymbol{u}_1, \boldsymbol{u}_2, \cdots, \boldsymbol{u}_r$ は一次独立であることから $c_1 = c_2 = \cdots = c_r = 0$ となる．これを式 (13.2) に代入すると $\boldsymbol{u}_{r+1} \neq \boldsymbol{0}$ より $c_{r+1} = 0$．よって，$\boldsymbol{u}_1, \boldsymbol{u}_2, \cdots, \boldsymbol{u}_{r+1}$ も一次独立である．□

第13章 章末問題

[**1**] 次の行列 A に対し $\boldsymbol{u}$ が固有ベクトルであることを示し，その固有値を求めよ．

(1) $A = \begin{bmatrix} 1 & 3 \\ 2 & 2 \end{bmatrix}$, $\boldsymbol{u} = \begin{bmatrix} 1 \\ 1 \end{bmatrix}$

(2) $A = \begin{bmatrix} -3 & 6 \\ -2 & 5 \end{bmatrix}$, $\boldsymbol{u} = \begin{bmatrix} 3 \\ 1 \end{bmatrix}$

(3) $A = \begin{bmatrix} 1 & 2 & -1 \\ 2 & 5 & 0 \\ 1 & 1 & -3 \end{bmatrix}$, $\boldsymbol{u} = \begin{bmatrix} 5 \\ -2 \\ 1 \end{bmatrix}$

(4) $A = \begin{bmatrix} 2 & 2 & -1 \\ 2 & -1 & 2 \\ -1 & 2 & 2 \end{bmatrix}$, $\boldsymbol{u} = \begin{bmatrix} 1 \\ -2 \\ 1 \end{bmatrix}$

[**2**] 次の行列 A に対し固有多項式 $\varphi_A(\lambda)$ と A の固有値を求めよ．

(1) $\begin{bmatrix} -1 & 3 \\ 3 & 7 \end{bmatrix}$
(2) $\begin{bmatrix} 2 & 1 \\ -1 & 0 \end{bmatrix}$
(3) $\begin{bmatrix} -5 & -4 & -8 \\ 2 & 3 & 2 \\ 2 & 0 & 5 \end{bmatrix}$

(4) $\begin{bmatrix} 2 & -1 & 2 \\ 2 & -1 & 4 \\ -1 & 1 & -1 \end{bmatrix}$

[**3**] 次の行列に対し固有値と固有ベクトルを求めよ．

(1) $\begin{bmatrix} 1 & -1 \\ 3 & 5 \end{bmatrix}$
(2) $\begin{bmatrix} -3 & 4 \\ -2 & 3 \end{bmatrix}$
(3) $\begin{bmatrix} 1 & 1 & 1 \\ 2 & 3 & -2 \\ 4 & 5 & -2 \end{bmatrix}$

(4) $\begin{bmatrix} 5 & 6 & 6 \\ -1 & -1 & -2 \\ -1 & -1 & 0 \end{bmatrix}$
(5) $\begin{bmatrix} 3 & -4 & -4 \\ -4 & 3 & 4 \\ 4 & -4 & -5 \end{bmatrix}$

(6) $\begin{bmatrix} -2 & -1 & 2 \\ -1 & -2 & -2 \\ 2 & -2 & 1 \end{bmatrix}$

第14章 行列の対角化と行列のk乗

第13章で，$Au = \lambda u$ となる $u \neq 0$ が存在するとき，λ を A の固有値，u が固有値 λ に対する固有ベクトルであることを学んだ．ここでは，固有値，固有ベクトルを用いて行列を対角行列に変換する方法を学び，簡単な応用を考える．

14.1 行列の対角化

第13章の最後で学んだように，n 次の正方行列 A の固有値 $\lambda_1, \lambda_2, \cdots, \lambda_n$ がすべて異なっていれば，対応する固有ベクトル $u_1, u_2, \cdots, u_n$ は基底になっている．

関係式 $Au_1 = \lambda_1 u_1, Au_2 = \lambda_2 u_2, \cdots, Au_n = \lambda_n u_n$ を並べて行列をつくってみよう．$P = [u_1\ u_2\ \cdots\ u_n]$ を縦ベクトルを横に並べてつくった行列とする．

$$\begin{aligned}
AP &= A[u_1\ u_2\ \cdots\ u_n] = [Au_1\ Au_2\ \cdots\ Au_n] \\
&= [\lambda_1 u_1\ \lambda_2 u_2\ \cdots\ \lambda_n u_n] \\
&= [u_1\ u_2\ \cdots\ u_n] \begin{bmatrix} \lambda_1 & 0 & \cdots & 0 \\ 0 & \lambda_2 & \cdots & 0 \\ \vdots & \vdots & \ddots & \vdots \\ 0 & 0 & \cdots & \lambda_n \end{bmatrix} \\
&= P \begin{bmatrix} \lambda_1 & 0 & \cdots & 0 \\ 0 & \lambda_2 & \cdots & 0 \\ \vdots & \vdots & \ddots & \vdots \\ 0 & 0 & \cdots & \lambda_n \end{bmatrix}
\end{aligned}$$

つまり，

$$AP = P \begin{bmatrix} \lambda_1 & 0 & \cdots & 0 \\ 0 & \lambda_2 & \cdots & 0 \\ \vdots & \vdots & \ddots & \vdots \\ 0 & 0 & \cdots & \lambda_n \end{bmatrix}$$

となっている．P は，一次独立なベクトルを並べてつくった行列なので，それ自身逆行列をもつから，両辺に左から P^{-1} を掛けて，

$$P^{-1}AP = \begin{bmatrix} \lambda_1 & 0 & \cdots & 0 \\ 0 & \lambda_2 & \cdots & 0 \\ \vdots & \vdots & \ddots & \vdots \\ 0 & 0 & \cdots & \lambda_n \end{bmatrix}$$

となる．このように，逆行列をもつ行列 P を用いて，$P^{-1}AP$ が対角行列になるようにすることを，A の**対角化**という．

意味を考える前に，1つ計算練習をしてみよう．

例 31

$$A = \begin{bmatrix} 2 & 1 \\ 1 & 2 \end{bmatrix}$$

を対角化する．

[解説] まず，固有値を求めよう．

$$|\lambda I - A| = \begin{vmatrix} \lambda - 2 & -1 \\ -1 & \lambda - 2 \end{vmatrix} = (\lambda - 2)^2 - 1 = (\lambda - 3)(\lambda - 1) = 0$$

であるから，固有値は，$\lambda = 3, 1$ である．$\lambda = 3$，$\lambda = 1$ に対応する固有ベクトルは，それぞれ，

$$\boldsymbol{u}_1 = t_1 \begin{bmatrix} 1 \\ 1 \end{bmatrix} \quad (t_1 \neq 0), \quad \boldsymbol{u}_2 = t_2 \begin{bmatrix} 1 \\ -1 \end{bmatrix} \quad (t_2 \neq 0)$$

となる．ここで，$t_1 = t_2 = 1$ として，固有ベクトルを並べて，行列 P を，

14.1 行列の対角化

とすれば,

$$P = [\boldsymbol{u}_1\ \boldsymbol{u}_2] = \begin{bmatrix} 1 & 1 \\ 1 & -1 \end{bmatrix}$$

$$P^{-1} = \frac{1}{1 \times (-1) - 1 \times 1} \begin{bmatrix} -1 & -1 \\ -1 & 1 \end{bmatrix} = \frac{1}{2} \begin{bmatrix} 1 & 1 \\ 1 & -1 \end{bmatrix}$$

であるから,

$$\begin{aligned} P^{-1}AP &= \frac{1}{2} \begin{bmatrix} 1 & 1 \\ 1 & -1 \end{bmatrix} \begin{bmatrix} 2 & 1 \\ 1 & 2 \end{bmatrix} \begin{bmatrix} 1 & 1 \\ 1 & -1 \end{bmatrix} \\ &= \frac{1}{2} \begin{bmatrix} 3 & 3 \\ 1 & -1 \end{bmatrix} \begin{bmatrix} 1 & 1 \\ 1 & -1 \end{bmatrix} \\ &= \frac{1}{2} \begin{bmatrix} 6 & 0 \\ 0 & 2 \end{bmatrix} = \begin{bmatrix} 3 & 0 \\ 0 & 1 \end{bmatrix} \end{aligned}$$

となり,確かに対角化されていることが分かる.□

(**注意**) 上の例では $t_1 = t_2 = 1$ としたが,実際はどのような t_1, t_2 ($t_1 \neq 0, t_2 \neq 0$) を選んでも成り立つことが分かる.また,対角化された行列の対角線の成分の順序は,固有ベクトルの並べ方と対応している.

ここでは,あえて掛け算を行って対角行列になることを確認しているが,実際には計算する必要はない.

問 40

次の行列を対角化せよ.

$$\begin{bmatrix} 1 & 4 \\ 1 & 1 \end{bmatrix}$$

14.2 行列の k 乗

対角化の理論的な話を進める前に，対角化を行列の k 乗を求める計算に応用してみよう．次の性質に注目する．

命題 14.1

$$(P^{-1}AP)(P^{-1}BP) = P^{-1}ABP$$

特に，

$$(P^{-1}AP)^k = P^{-1}A^kP \quad (k = 1, 2, \cdots)$$

が成り立つ．

これを用いて，先ほど例に挙げた行列

$$A = \begin{bmatrix} 2 & 1 \\ 1 & 2 \end{bmatrix}$$

の k 乗を計算してみよう．

[**解説**] 対角化した結果は，

$$P = \begin{bmatrix} 1 & 1 \\ 1 & -1 \end{bmatrix}$$

に対し，

$$P^{-1}AP = \begin{bmatrix} 3 & 0 \\ 0 & 1 \end{bmatrix} \tag{14.1}$$

であったから，式 (14.1) の両辺を k 乗して，

$$P^{-1}A^kP = (P^{-1}AP)^k = \begin{bmatrix} 3^k & 0 \\ 0 & 1 \end{bmatrix} \tag{14.2}$$

が得られる．式 (14.2) の両辺に，左から P，右から P^{-1} を掛けて，

$$A^k = P \begin{bmatrix} 3^k & 0 \\ 0 & 1 \end{bmatrix} P^{-1}$$

$$= \frac{1}{2} \begin{bmatrix} 1 & 1 \\ 1 & -1 \end{bmatrix} \begin{bmatrix} 3^k & 0 \\ 0 & 1 \end{bmatrix} \begin{bmatrix} 1 & 1 \\ 1 & -1 \end{bmatrix}$$

$$= \frac{1}{2} \begin{bmatrix} 3^k & 1 \\ 3^k & -1 \end{bmatrix} \begin{bmatrix} 1 & 1 \\ 1 & -1 \end{bmatrix}$$

$$= \frac{1}{2} \begin{bmatrix} 3^k + 1 & 3^k - 1 \\ 3^k - 1 & 3^k + 1 \end{bmatrix}$$

が得られる．□

14.3 対角化の意味

行列の対角化の意味をもう一度考え直してみよう．

話を単純化するために，行列 A の固有値がすべて異なるとしよう．その固有値を $\lambda_1, \lambda_2, \cdots, \lambda_n$ とし，対応する固有ベクトルを $\bm{u}_1, \bm{u}_2, \cdots, \bm{u}_n$ としよう．すると，定理 12.4 より，$\bm{u}_1, \bm{u}_2, \cdots, \bm{u}_n$ は，$\bm{R}^n$ の基底だから，$\bm{R}^n$ の勝手なベクトル

$$\bm{u} = \begin{bmatrix} x_1 \\ x_2 \\ \vdots \\ x_n \end{bmatrix}$$

は，$\bm{u}_1, \bm{u}_2, \cdots, \bm{u}_n$ の一次結合として，

$$\bm{u} = y_1 \bm{u}_1 + y_2 \bm{u}_2 + \cdots + y_n \bm{u}_n \tag{14.3}$$

と 1 通りに表現できる．ここで，

$$\bm{v} = \begin{bmatrix} y_1 \\ y_2 \\ \vdots \\ y_n \end{bmatrix}$$

は，基底 $\bm{u}_1, \bm{u}_2, \cdots, \bm{u}_n$ における，$\bm{u}$ の**座標**ベクトルという．

この式 (14.3) の両辺に左から A を掛けると，

$$A\bm{u} = y_1 A\bm{u}_1 + y_2 A\bm{u}_2 + \cdots + y_n A\bm{u}_n$$
$$= \lambda_1 y_1 \bm{u}_1 + \lambda_2 y_2 \bm{u}_2 + \cdots + \lambda_n y_n \bm{u}_n$$

これは，$u_1, u_2, \cdots, u_n$ を基底として考えたときに，A を掛けるという操作が，

$$\begin{bmatrix} \lambda_1 & 0 & \cdots & 0 \\ 0 & \lambda_2 & \cdots & 0 \\ \vdots & \vdots & \ddots & \vdots \\ 0 & 0 & \cdots & \lambda_n \end{bmatrix} \begin{bmatrix} y_1 \\ y_2 \\ \vdots \\ y_n \end{bmatrix}$$

に対応していることを示している．つまり，通常，われわれが座標と呼んでいる $\boldsymbol{R}^n$ の標準基底表示

$$\begin{bmatrix} x_1 \\ x_2 \\ \vdots \\ x_n \end{bmatrix} = x_1 \begin{bmatrix} 1 \\ 0 \\ \vdots \\ 0 \end{bmatrix} + x_2 \begin{bmatrix} 0 \\ 1 \\ \vdots \\ 0 \end{bmatrix} + \cdots + x_n \begin{bmatrix} 0 \\ 0 \\ \vdots \\ 1 \end{bmatrix}$$

$$= x_1 \boldsymbol{e}_1 + x_2 \boldsymbol{e}_2 + \cdots + x_n \boldsymbol{e}_n$$

ではなく，$u_1, u_2, \cdots, u_n$ を基底とした表示

$$y_1 \boldsymbol{u}_1 + y_2 \boldsymbol{u}_2 + \cdots + y_n \boldsymbol{u}_n$$

で見た方が，行列の掛け算は簡単になる．そして，標準基底 $\boldsymbol{e}_1, \boldsymbol{e}_2, \cdots, \boldsymbol{e}_n$ を固有ベクトルによる基底 $\boldsymbol{u}_1, \boldsymbol{u}_2, \cdots, \boldsymbol{u}_n$ に変換する行列が，

$$P = [\boldsymbol{u}_1 \ \boldsymbol{u}_2 \ \cdots \ \boldsymbol{u}_n]$$

なのである．

14.4 固有方程式が重解をもっても対角化できる場合

正方行列 A の固有値がすべて異なるとき，A を対角化することができたが，固有方程式が重解をもつときはどうなるのだろうか．

次の行列の固有値，固有ベクトルを求めてみよう．

$$A = \begin{bmatrix} 2 & 1 & 1 \\ 1 & 2 & 1 \\ 1 & 1 & 2 \end{bmatrix}$$

14.4 固有方程式が重解をもっても対角化できる場合

まず，固有値を計算する．固有多項式は，

$$\varphi_A(\lambda) = \begin{vmatrix} \lambda - 2 & -1 & -1 \\ -1 & \lambda - 2 & -1 \\ -1 & -1 & \lambda - 2 \end{vmatrix}$$

$$= \begin{vmatrix} \lambda - 4 & \lambda - 4 & \lambda - 4 \\ -1 & \lambda - 2 & -1 \\ -1 & -1 & \lambda - 2 \end{vmatrix}$$

$$= (\lambda - 4) \begin{vmatrix} 1 & 1 & 1 \\ -1 & \lambda - 2 & -1 \\ -1 & -1 & \lambda - 2 \end{vmatrix}$$

$$= (\lambda - 4) \begin{vmatrix} 1 & 1 & 1 \\ 0 & \lambda - 1 & 0 \\ 0 & 0 & \lambda - 1 \end{vmatrix}$$

$$= (\lambda - 1)^2 (\lambda - 4)$$

となるので，$\lambda = 1$ が重解になっている．$\lambda = 1$ のときの固有ベクトルを求めてみよう．

このとき，固有ベクトルのみたす連立方程式は，1つの方程式：

$$-x - y - z = 0 \tag{14.4}$$

であるから，$z = -x - y$ となり，パラメータの数は2つあることになる．つまり，$x = t_1, y = t_2$ として，

$$\begin{bmatrix} x \\ y \\ z \end{bmatrix} = \begin{bmatrix} t_1 \\ t_2 \\ -t_1 - t_2 \end{bmatrix} = t_1 \begin{bmatrix} 1 \\ 0 \\ -1 \end{bmatrix} + t_2 \begin{bmatrix} 0 \\ 1 \\ -1 \end{bmatrix} = t_1 \boldsymbol{u}_1 + t_2 \boldsymbol{u}_2$$

となる．ここに表れる2つのベクトル $\boldsymbol{u}_1, \boldsymbol{u}_2$ は一次独立である．このような状態を「固有値2に対する固有空間の次元は2である」と表現する．

一般には，次のように定義する．

第 14 章　行列の対角化と行列の k 乗

> **定義 14.2**
>
> A の固有値 λ に対して，$(\lambda I - A)\boldsymbol{u} = \boldsymbol{0}$ となる $\boldsymbol{u}$ 全体 ($\boldsymbol{u} = \boldsymbol{0}$ も含む) を，λ に対する**固有空間**といい，以下，$W(\lambda)$ で表す．また，固有空間に対するベクトルのうち，一次独立なものの最大数を固有空間の**次元** (dimension) といい，$\dim W(\lambda)$ とかく．

この例では，$\boldsymbol{u}_1, \boldsymbol{u}_2$ が，$W(1)$ の基底になっているから，$\dim W(1) = 2$ となる．$W(4)$ を計算しておこう．

$$\left[\begin{array}{ccc|c} 2 & -1 & -1 & 0 \\ -1 & 2 & -1 & 0 \\ -1 & -1 & 2 & 0 \end{array}\right] \to \left[\begin{array}{ccc|c} 1 & -2 & 1 & 0 \\ 2 & -1 & -1 & 0 \\ -1 & -1 & 2 & 0 \end{array}\right]$$

$$\to \left[\begin{array}{ccc|c} 1 & -2 & 1 & 0 \\ 0 & 3 & -3 & 0 \\ 0 & -3 & 3 & 0 \end{array}\right]$$

$$\to \left[\begin{array}{ccc|c} 1 & -2 & 1 & 0 \\ 0 & 1 & -1 & 0 \\ 0 & 0 & 0 & 0 \end{array}\right]$$

$$\to \left[\begin{array}{ccc|c} 1 & 0 & -1 & 0 \\ 0 & 1 & -1 & 0 \\ 0 & 0 & 0 & 0 \end{array}\right]$$

となり，$x - z = 0, y - z = 0$ となるので，$z = t_3$ として，

$$\left[\begin{array}{c} x \\ y \\ z \end{array}\right] = \left[\begin{array}{c} t_3 \\ t_3 \\ t_3 \end{array}\right] = t_3 \left[\begin{array}{c} 1 \\ 1 \\ 1 \end{array}\right] = t_3 \boldsymbol{u}_3$$

となる．$\boldsymbol{u}_1, \boldsymbol{u}_2, \boldsymbol{u}_3$ は一次独立．したがって，$\boldsymbol{R}^3$ の基底になっている．よって，$P = [\boldsymbol{u}_1\ \boldsymbol{u}_2\ \boldsymbol{u}_3]$ とすれば，P は逆行列をもち，

$$P^{-1}AP = \begin{bmatrix} 1 & 0 & 0 \\ 0 & 1 & 0 \\ 0 & 0 & 4 \end{bmatrix}$$

となっていることを意味する．つまり，A は対角化できるのである．

ここで，
$$\dim W(1) + \dim W(4) = 2 + 1 = 3$$
となっていることに注意しよう．

この結果は，より一般に成り立つことが知られている．

> **定理 14.3**
>
> n 次の正方行列 A の異なるすべての固有値 $\lambda_1, \lambda_2, \cdots, \lambda_s (s \leq n)$ に対し，それぞれの固有値に対する固有空間の次元に対し，
> $$\dim W(\lambda_1) + \dim W(\lambda_2) + \cdots + \dim W(\lambda_s) = n$$
> が成り立つことと，A が，各固有空間の基底を並べた行列 P で対角化可能であることとは同値である．

14.5 いつでも対角化できるわけではない

どんな正方行列でも対角化できるのであろうか？ 実は，そうはいかない．次のような反例があるからである．

$$J = \begin{bmatrix} 1 & 2 & 3 \\ 0 & 1 & 2 \\ 0 & 0 & 1 \end{bmatrix}$$

J の固有値を求めてみよう．

$$\varphi_J(\lambda) = \begin{vmatrix} \lambda-1 & -2 & -3 \\ 0 & \lambda-1 & -2 \\ 0 & 0 & \lambda-1 \end{vmatrix} = (\lambda-1)^3$$

となるから，固有値 $\lambda = 1$ は 3 重解である．固有空間を求めよう．このとき，方程式は，$-2y - 3z = 0, -2z = 0$ となるので，$y = 0, z = 0$ となり，

$$\begin{bmatrix} x \\ y \\ z \end{bmatrix} = \begin{bmatrix} t_1 \\ 0 \\ 0 \end{bmatrix} = t_1 \begin{bmatrix} 1 \\ 0 \\ 0 \end{bmatrix} = t_1 \boldsymbol{u}_1$$

となり，1に対する固有空間 $W(1)$ の次元は1になってしまう．このようなときは，残念ながら対角化はできないことが知られている．

(**参考**) このような場合でも，対角行列に近い形にまで変形できることが分かっている（ジョルダン標準形の理論）．詳しくは，より進んだ線形代数の教科書を参照してほしい．

第14章 章末問題

[**1**] 次の行列を対角化できるか調べ，対角化できるときは対角化せよ．

(1) $\begin{bmatrix} -5 & -8 \\ 4 & 7 \end{bmatrix}$ (2) $\begin{bmatrix} 1 & -3 \\ 1 & 5 \end{bmatrix}$ (3) $\begin{bmatrix} -1 & 4 \\ -1 & 3 \end{bmatrix}$

(4) $\begin{bmatrix} 2 & 1 & -2 \\ 2 & 3 & -4 \\ 1 & 1 & -1 \end{bmatrix}$ (5) $\begin{bmatrix} -1 & 2 & -1 \\ -1 & 2 & 0 \\ 1 & -1 & 2 \end{bmatrix}$

(6) $\begin{bmatrix} 2 & 1 & -3 \\ 3 & -2 & -3 \\ 1 & 1 & -2 \end{bmatrix}$ (7) $\begin{bmatrix} -2 & -2 & -1 \\ 4 & 4 & 1 \\ 4 & 2 & 3 \end{bmatrix}$

[**2**] 次の行列 A に対し，A^k を計算せよ．

(1) $\begin{bmatrix} -5 & -8 \\ 4 & 7 \end{bmatrix}$ (2) $\begin{bmatrix} 1 & -3 \\ 1 & 5 \end{bmatrix}$

(3) $\begin{bmatrix} 2 & 1 & 3 \\ -1 & 4 & 5 \\ 1 & -1 & 0 \end{bmatrix}$

[**3**] n 次の正方行列 A と逆行列をもつ行列 P に対し，次の問に答えよ．

(1) $\varphi_A(\lambda) = \varphi_{P^{-1}AP}(\lambda)$ であることを示せ．

(2) (1) より A と $P^{-1}AP$ の固有値は一致する．λ_0 を A の固有値，$\boldsymbol{u}$ を λ_0 に対する固有ベクトルとするとき，$P^{-1}\boldsymbol{u}$ が λ_0 に対する $P^{-1}AP$ の固有ベクトルとなっていることを示せ．

[**4**] 正方行列が逆行列をもつことと，A の固有値がすべて 0 でないことが同値であることを示せ．

問と章末問題の略解

第 1 章

第 1 章 章末問題

[**1**]　図は略す．(1)　解は 1 つ．　(2)　解は無数にある．　(3)　解は存在しない．
[**2**]　(1)　3×2 型　(2)　2×4 型　(3)　3×3 型　(4)　1×3 型　(5)　2×2 型
　　　(6)　3×1 型

[**3**]　(1)　4×3 型　(2)　-2　(3)　$\begin{bmatrix} 6 & -1 & 0 \end{bmatrix}$　(4)　$\begin{bmatrix} 4 \\ 8 \\ -2 \\ -1 \end{bmatrix}$

　　　(5)　$(2,1)$ 成分, $(3,3)$ 成分, $(4,3)$ 成分

第 2 章

問 1　$\left[\begin{array}{cc|c} 2 & 3 & 1 \\ -1 & 1 & -3 \end{array}\right]$
問 2　$x = -1,\ y = 3,\ z = 1$

第 2 章 章末問題

[**1**]　(1)　$\left[\begin{array}{cc|c} 2 & -1 & 2 \\ -3 & 1 & 3 \end{array}\right]$　　　　(2)　$\left[\begin{array}{ccc|c} 2 & 1 & -1 & 2 \\ -1 & 0 & 4 & 3 \end{array}\right]$

　　　(3)　$\left[\begin{array}{ccc|c} 5 & -6 & 3 & 4 \\ -4 & 1 & -2 & -6 \\ 0 & 1 & -4 & -2 \end{array}\right]$　(4)　$\left[\begin{array}{cccc|c} 1 & 0 & -1 & 1 & -1 \\ 2 & 1 & -3 & -1 & 3 \\ 0 & 1 & 0 & -1 & 7 \end{array}\right]$

[**2**]　(1)　$x = -1,\ y = 1$　(2)　$x = -2,\ y = 1$　(3)　$x = \dfrac{1}{2},\ y = -\dfrac{1}{2}$
　　　(4)　$x = 2,\ y = 1$　(5)　$x = 3,\ y = -4$　(6)　$x = 1,\ y = 1,\ z = -1$
　　　(7)　$x = \dfrac{1}{3},\ y = 1,\ z = -\dfrac{5}{3}$　(8)　$x = 0,\ y = 5,\ z = -3$
　　　(9)　$x = -1,\ y = 2,\ z = -2$　(10)　$x = 2,\ y = -1,\ z = 3,\ w = -4$

第 3 章

問 3 $x = 3 - 2t,\ y = 1 + t,\ z = t$

問 4 1 番目の矢印は，②$+ 2 \times$①，③$+ (-2) \times$①，④$+ (-2) \times$①，
2 番目の矢印は，③$+ (-2) \times$②，④$+ 3 \times$②，
3 番目の矢印は，①$+ (-1) \times$②

第 3 章 章末問題

[**1**] (1) 3 (2) 2 (3) 1

[**2**] (1) $x = -2 + t,\ y = t,\ z = 1$ (2) $x = 3 - 2t,\ y = -2 + t,\ z = t$
(3) $x = 2 - t,\ y = 1 - 2t,\ z = t$ (4) 解なし (5) $x = 2 + \dfrac{1}{2}t,\ y = \dfrac{3}{2} - t,\ z = t$
(6) $x = -2t,\ y = t,\ z = t$ (7) $x = -2 - t,\ y = 1 - 3t,\ z = t$ (8) 解なし
(9) $x = 1 + 2t,\ y = -1,\ z = t$ (10) 解なし (11) $x = -\dfrac{1}{2}t,\ y = -\dfrac{1}{2}t,\ z = t$
(12) 解なし (13) $x = 2 - t,\ y = 2 + t,\ z = t$
(14) $x = 1 + t_1 - t_2,\ y = t_1,\ z = t_2$ (15) $x = \dfrac{5}{3} + \dfrac{1}{3}t,\ y = \dfrac{1}{3} - \dfrac{4}{3}t,\ z = t$
(16) 解なし (17) $x = 3 - t,\ y = -2 + t,\ z = t,\ w = 1$
(18) $x = 2t_1 - t_2,\ y = t_1,\ z = t_2,\ w = t_2$

[**3**] $c \neq -4$ のとき解をもつ．

[**4**] (1) c が 1 と -3 以外のとき (2) $c = 1$ のとき (3) $c = -3$ のとき

第 4 章

問 5 (1) $\begin{bmatrix} 1 & 2 & 3 \\ 6 & -2 & 3 \end{bmatrix}$ (2) $\begin{bmatrix} 0 & 8 \\ -5 & 1 \\ 2 & -3 \end{bmatrix}$

問 6 $\begin{bmatrix} -3 & 2 \\ 0 & 5 \end{bmatrix}$

問 7 次の解は 1 つの例である．正解は 1 つではない．
$A = \begin{bmatrix} 1 & 0 \\ 0 & 0 \end{bmatrix},\ B = \begin{bmatrix} 0 & 0 \\ 1 & 0 \end{bmatrix}$ とするとき，$AB = O$ となる．

問 8 次は解の 1 つの例である．正解は 1 つではない．
$A = \begin{bmatrix} 0 & 1 \\ 0 & 0 \end{bmatrix}$ とするとき，$A^2 = O$ となる．

問 9 略

第 4 章 章末問題

[**1**] (1) $a=4$, $b=5$, $c=-2$, $d=-3$　(2) $a=4$, $b=2$, $c=2$, $d=3$

[**2**] (1) $\begin{bmatrix} 7 & 0 \\ 0 & 1 \end{bmatrix}$　(2) $\begin{bmatrix} -1 & 3 \\ 0 & 6 \\ -7 & 0 \end{bmatrix}$　(3) $\begin{bmatrix} -1 & 2 & 0 \\ 6 & -2 & 5 \end{bmatrix}$

(4) $\begin{bmatrix} -4 & 9 & -6 \\ 2 & 1 & -1 \end{bmatrix}$　(5) $\begin{bmatrix} 0 & 9 \\ 3 & 0 \end{bmatrix}$　(6) $[-7]$　(7) $\begin{bmatrix} 3 & 0 & -6 \\ 1 & 0 & -2 \\ 5 & 0 & -10 \end{bmatrix}$

(8) $\begin{bmatrix} 2a+b-c \\ 2b+c \\ a-b+3c \end{bmatrix}$　(9) $\begin{bmatrix} 0 & 0 \\ 0 & 0 \\ 0 & 0 \end{bmatrix}$　(10) $\begin{bmatrix} -29 & -15 \end{bmatrix}$

[**3**] (1) $A:2\times 2$ 型, $B:3\times 1$ 型, $C:3\times 2$ 型, $D:1\times 3$ 型

(2) BD, CA, DB, DC　(3) $BD = \begin{bmatrix} 2 & -6 & -2 \\ -1 & 3 & 1 \\ 0 & 0 & 0 \end{bmatrix}$,

$CA = \begin{bmatrix} 4 & 9 \\ -2 & 6 \\ -1 & 0 \end{bmatrix}$, $DB = [5]$, $DC = \begin{bmatrix} -3 & -14 \end{bmatrix}$

[**4**] 和と差に関しては明らか．$A=[a_{ij}]$, $B=[b_{ij}]$ をともに上三角行列とする．($i>j$ のとき, $a_{ij}=b_{ij}=0$) このとき, 積 AB の (i,j) 成分は $\sum_{k=1}^{n} a_{ik}b_{kj}$ とかくことができる．これを $\sum_{k=1}^{j} a_{ik}b_{kj} + \sum_{k=j+1}^{n} a_{ik}b_{kj}$ と 2 つに分けて考え, $i>j$ のとき, これらがすべて 0 になればよい．$1 \leq k \leq j$ の場合は, $k<i$ であるから $a_{ik}=0$ である．一方 $j+1 \leq k \leq n$ の場合は, $j<k$ であるから $b_{kj}=0$ となる．よって $\sum_{k=1}^{n} a_{ik}b_{kj} = 0$ となり AB は上三角行列である．

[**5**] $\begin{bmatrix} 1 \\ -3 \end{bmatrix}$

[**6**] $a=-3$, $b=-4$

[**7**] $\begin{bmatrix} 5 & 5 & 6 & 1 \\ 1 & 2 & 0 & 1 \\ 0 & 0 & 5 & 5 \\ 0 & 0 & -5 & 0 \end{bmatrix}$

[**8**] 左辺 $= \begin{bmatrix} A_1 A_2 + O & A_1 O + O B_2 \\ O A_2 + B_1 O & O + B_1 B_2 \end{bmatrix} = \begin{bmatrix} A_1 A_2 & O \\ O & B_1 B_2 \end{bmatrix} =$ 右辺

第5章

問 10 略

問 11 $A^2 - (a+d)A + (ad-bc)I = O$ は，直接計算することで確かめられる．また，$A^2 - (a+d)A + (ad-bc)I = O$ を両辺を $ad-bc$ で割って $I = $ の形にすると，

$$I = \frac{1}{ad-bc}\{-A^2 + (a+d)A\}$$

$$= \frac{1}{ad-bc}A\{-A + (a+d)I\}$$

$$= A\left\{\frac{1}{ad-bc}\begin{bmatrix} d & -b \\ -c & a \end{bmatrix}\right\}$$

$$= \left\{\frac{1}{ad-bc}\begin{bmatrix} d & -b \\ -c & a \end{bmatrix}\right\}A$$

問 12 $\begin{bmatrix} -1 & 1 & 1 \\ \frac{7}{2} & -2 & -\frac{3}{2} \\ -\frac{3}{2} & 1 & \frac{1}{2} \end{bmatrix}$

第5章 章末問題

[**1**] (1) $\begin{bmatrix} -3 & -7 \\ -1 & -2 \end{bmatrix}$ (2) 逆行列をもたない (3) $\begin{bmatrix} -\frac{5}{7} & \frac{2}{7} \\ \frac{1}{7} & \frac{1}{7} \end{bmatrix}$

(4) $\begin{bmatrix} 2 & -1 & -2 \\ -1 & 1 & 1 \\ 1 & -1 & 0 \end{bmatrix}$ (5) $\begin{bmatrix} -2 & -3 & 3 \\ 3 & 4 & -4 \\ -4 & -5 & 6 \end{bmatrix}$

(6) 逆行列をもたない (7) $\begin{bmatrix} -\frac{7}{3} & -\frac{4}{3} & 2 \\ \frac{1}{3} & \frac{1}{3} & 0 \\ \frac{5}{3} & \frac{2}{3} & -1 \end{bmatrix}$

(8) 逆行列をもたない

[**2**] (1) $\begin{bmatrix} x \\ y \\ z \end{bmatrix} = \begin{bmatrix} 0 \\ 1 \\ -1 \end{bmatrix}$ (2) $\begin{bmatrix} x \\ y \\ z \end{bmatrix} = \begin{bmatrix} a+2b+c \\ b+c \\ -a-b+c \end{bmatrix}$

[**3**] (1) A が逆行列をもつとき，$A\boldsymbol{x} = \boldsymbol{u}$ の解は $\boldsymbol{x} = A^{-1}\boldsymbol{u}$ より，解は 1 つ.
(2) $A\boldsymbol{x} = \boldsymbol{e}_i$ の解をそれぞれ $\boldsymbol{c}_i$ $(i = 1, 2, \cdots, n)$ とすると，並べてかくことで $A[\boldsymbol{c}_1\ \boldsymbol{c}_2\ \cdots\ \boldsymbol{c}_n] = [\boldsymbol{e}_1\ \boldsymbol{e}_2\ \cdots\ \boldsymbol{e}_n]$ となるが，$[\boldsymbol{e}_1\ \boldsymbol{e}_2\ \cdots\ \boldsymbol{e}_n] = I$(単位行列) であるから $[\boldsymbol{c}_1\ \boldsymbol{c}_2\ \cdots\ \boldsymbol{c}_n]$ が A の逆行列となる.

[**4**] (1) 定義から $AA^{-1} = A^{-1}A = I$ より A は A^{-1} の逆行列であり，よって $A = (A^{-1})^{-1}$ である.
(2) $B^{-1}A^{-1}AB = B^{-1}IB = B^{-1}B = I$，一方で $ABB^{-1}A^{-1} = AIA^{-1} = AA^{-1} = I$ であるから $B^{-1}A^{-1} = (AB)^{-1}$ である.

[**5**] A が逆行列 A^{-1} をもつとすると，$AB = O$ の両辺に左から A^{-1} をかけることで，左辺 $= A^{-1}AB = IB = B \neq O$，右辺 $= A^{-1}O = O$，より矛盾する.

第 6 章

問 13　5

問 14　$\begin{vmatrix} a+kc & b+kd \\ c & d \end{vmatrix} = (a+kc)d - (b+kd)c = ad - bc = \begin{vmatrix} a & b \\ c & d \end{vmatrix}$

問 15　(性質 2) $\begin{vmatrix} ka & kb \\ c & d \end{vmatrix} = ka \cdot d - kb \cdot c = k(ad - bc) = k\begin{vmatrix} a & b \\ c & d \end{vmatrix}$

(性質 $2'$) も同様に確かめることができる.

問 16　$\begin{vmatrix} c & d \\ a & b \end{vmatrix} = cb - da = -(ad - bc) = -\begin{vmatrix} a & b \\ c & d \end{vmatrix}$

問 17　32

問 18　-16

問 19　$\begin{vmatrix} 2 & 3 & 1 & 0 \\ -1 & 2 & 2 & 5 \\ 0 & 0 & 4 & 1 \\ 0 & 0 & 3 & 1 \end{vmatrix} = \begin{vmatrix} 2 & 3 \\ -1 & 2 \end{vmatrix} \begin{vmatrix} 4 & 1 \\ 3 & 1 \end{vmatrix} = 7 \cdot 1 = 7$

問 20　$(a^2 - bc)^2 + a^2(b+c)^2 = (a^2 + b^2)(a^2 + c^2)$

第 6 章 章末問題

[**1**] (1) 7　(2) 2　(3) 420　(4) -36　(5) $-\dfrac{1}{9}$　(6) -21　(7) -6　(8) 0　(9) -26　(10) 67　(11) -18　(12) -9　(13) -2920　(14) 12　(15) -144　(16) 0

[**2**] 2 つの行が等しいときは，片方の行でもう片方の行を引くと 0 だけの行ができるから，行列式の値は 0 である．列の場合も同様.

[**3**] $(a^3 + b^3)^2$

[4] $\begin{vmatrix} A & B \\ B & A \end{vmatrix} = \begin{vmatrix} A+B & B \\ B+A & A \end{vmatrix} = \begin{vmatrix} A+B & B \\ O & A-B \end{vmatrix} = |A+B||A-B|$

[5] A が逆行列をもつとき，$AA^{-1} = I$ であるから，両辺の行列式を取れば $|A||A^{-1}| = |AA^{-1}| = |I| = 1$ となる．よって $|A| \neq 0$ であり $|A^{-1}| = |A|^{-1}$ である．

第7章

問 21 略

問 22 18

第7章 章末問題

[1] (1) $-\begin{vmatrix} 1 & 3 \\ 2 & -1 \end{vmatrix} + 2\begin{vmatrix} 2 & 3 \\ 5 & -1 \end{vmatrix} - 0\begin{vmatrix} 2 & 1 \\ 5 & 2 \end{vmatrix}$

(2) $2\begin{vmatrix} 2 & 0 \\ 2 & -1 \end{vmatrix} - \begin{vmatrix} 1 & 3 \\ 2 & -1 \end{vmatrix} + 5\begin{vmatrix} 1 & 3 \\ 2 & 0 \end{vmatrix}$

(3) $-1\begin{vmatrix} 3 & -7 \\ 0 & 0 \end{vmatrix} - 2\begin{vmatrix} 5 & 2 \\ 0 & 0 \end{vmatrix} + 2\begin{vmatrix} 5 & 2 \\ 3 & -7 \end{vmatrix}$

(4) $0\begin{vmatrix} 2 & -1 \\ -7 & 2 \end{vmatrix} - 0\begin{vmatrix} 5 & -1 \\ 3 & 2 \end{vmatrix} + 2\begin{vmatrix} 5 & 2 \\ 3 & -7 \end{vmatrix}$

[2] (1) 33 (2) -30 (3) 131 (4) -33 (5) $i(adf + bce)$

(6) $3ac(2 + b + 2d)$

[3] 左辺 $= a_{11}\begin{vmatrix} a_{22} & a_{23} \\ a_{32} & a_{33} \end{vmatrix} - a_{12}\begin{vmatrix} a_{21} & a_{23} \\ a_{31} & a_{33} \end{vmatrix} + a_{13}\begin{vmatrix} a_{21} & a_{22} \\ a_{31} & a_{32} \end{vmatrix}$

$= a_{11}(a_{22}a_{33} - a_{23}a_{32}) - a_{12}(a_{21}a_{33} - a_{23}a_{31})$
$\qquad\qquad + a_{13}(a_{21}a_{32} - a_{22}a_{31})$

$= a_{11}a_{22}a_{33} + a_{12}a_{23}a_{31} + a_{13}a_{21}a_{32}$
$\qquad - a_{11}a_{23}a_{32} - a_{12}a_{21}a_{33} - a_{13}a_{22}a_{31}$

$=$ 右辺

第8章

問 23 列についての余因子展開を同様に考えることで

$$a_{1i}\tilde{A}_{1j} + a_{2i}\tilde{A}_{2j} + a_{3i}\tilde{A}_{3j} = \begin{cases} |A| & (i = j) \\ 0 & (i \neq j) \end{cases}$$

となり，これを利用することで確かめることができる．

問 24 $\begin{bmatrix} -\dfrac{7}{2} & -\dfrac{5}{2} & \dfrac{9}{2} \\ -2 & -1 & 2 \\ \dfrac{1}{2} & \dfrac{1}{2} & -\dfrac{1}{2} \end{bmatrix}$

問 25 $|A| = \begin{vmatrix} a & b \\ c & d \end{vmatrix} = ad - bc$ より $A^{-1} = \dfrac{1}{ad - bc} \begin{bmatrix} d & -b \\ -c & a \end{bmatrix}$

問 26 $x = 2, \ y = 1$

問 27 $x = \dfrac{3}{2}, \ y = -\dfrac{7}{6}, \ z = -\dfrac{11}{6}$

第 8 章 章末問題

[1] (1) 余因子行列 $\begin{bmatrix} 1 & -3 \\ -2 & 5 \end{bmatrix}$, 逆行列 $\begin{bmatrix} -1 & 3 \\ 2 & -5 \end{bmatrix}$

(2) 余因子行列 $\begin{bmatrix} 3 & 2 \\ -1 & 4 \end{bmatrix}$, 逆行列 $\dfrac{1}{14} \begin{bmatrix} 3 & 2 \\ -1 & 4 \end{bmatrix}$

(3) 余因子行列 $\begin{bmatrix} 1 & -1 & 0 \\ 0 & 1 & -1 \\ 0 & 0 & 1 \end{bmatrix}$, 逆行列 $\begin{bmatrix} 1 & -1 & 0 \\ 0 & 1 & -1 \\ 0 & 0 & 1 \end{bmatrix}$

(4) 余因子行列 $\begin{bmatrix} 4 & 3 & -2 \\ 3 & -3 & 2 \\ -2 & 2 & 1 \end{bmatrix}$, 逆行列 $\dfrac{1}{7} \begin{bmatrix} 4 & 3 & -2 \\ 3 & -3 & 2 \\ -2 & 2 & 1 \end{bmatrix}$

(5) 余因子行列 $\begin{bmatrix} 1 & 1 & -1 \\ -1 & -1 & 7 \\ 3 & -3 & 9 \end{bmatrix}$, 逆行列 $\dfrac{1}{6} \begin{bmatrix} 1 & 1 & -1 \\ -1 & -1 & 7 \\ 3 & -3 & 9 \end{bmatrix}$

(6) 余因子行列 $\begin{bmatrix} -9 & -7 & 10 \\ 6 & 5 & -7 \\ -7 & -6 & 8 \end{bmatrix}$, 逆行列 $\begin{bmatrix} 9 & 7 & -10 \\ -6 & -5 & 7 \\ 7 & 6 & -8 \end{bmatrix}$

(7) 余因子行列 $\begin{bmatrix} -10 & -15 & 5 \\ 2 & 3 & -1 \\ -4 & -6 & 2 \end{bmatrix}$, 逆行列なし

(8) 余因子行列 $\begin{bmatrix} a^2 & 0 & 0 \\ -ab & a^2 & 0 \\ b^2 - ac & -ab & a^2 \end{bmatrix}$, 逆行列 $\dfrac{1}{a^3} \begin{bmatrix} a^2 & 0 & 0 \\ -ab & a^2 & 0 \\ b^2 - ac & -ab & a^2 \end{bmatrix}$

[2] $-\dfrac{1}{2}\begin{bmatrix} -3 & 4 & -7 \\ -2 & 4 & -8 \\ 1 & -2 & 3 \end{bmatrix}$

[3] $x \neq 1, 4$ のとき

[4] (1) $x = 2, y = -1$ (2) $x = \dfrac{7}{11}, y = -\dfrac{6}{11}$

(3) $x = \dfrac{1}{2}, y = 0, z = \dfrac{3}{2}$ (4) $x = \dfrac{15}{19}, y = -\dfrac{25}{19}, z = -\dfrac{1}{19}$

[5] $x = \dfrac{5}{17}, y = -\dfrac{8}{17}, z = \dfrac{2}{17}$

第 9 章

問 28 $\|\boldsymbol{a}\| = \sqrt{6}, \|\boldsymbol{b}\| = 5, (\boldsymbol{a}, \boldsymbol{b}) = 2$

問 29 $(\boldsymbol{a}, \boldsymbol{b}) = 3\alpha + 3 = 0$ より $\alpha = -1$

問 30 確かめる式は略すが, (性質 1) は, 2 つの行を入れ替えると符号が変わる, を利用し, (性質 2) は, ある行を定数倍すると値も同じ定数倍される, を利用し, (性質 3) は, ある行が和になっていたら, 他の行は同じで, それぞれの行を取ったものに分かれる, を利用する.

問 31 $\boldsymbol{u} \times \boldsymbol{v} = \begin{bmatrix} 4 \\ 1 \\ 2 \end{bmatrix}$

第 9 章 章末問題

[1] (1) 1 (2) 4

[2] (1) $\|\boldsymbol{a}\| = \sqrt{2}, \|\boldsymbol{b}\| = \sqrt{6}, (\boldsymbol{a}, \boldsymbol{b}) = 3, \dfrac{\pi}{6}, \boldsymbol{a} \times \boldsymbol{b} = \begin{bmatrix} 1 \\ 1 \\ -1 \end{bmatrix}$

(2) $\pm \dfrac{1}{\sqrt{3}} \begin{bmatrix} 1 \\ 1 \\ -1 \end{bmatrix}$ (3) $S = \|\boldsymbol{a}\|\|\boldsymbol{b}\|\sin\dfrac{\pi}{6} = \sqrt{3} = \|\boldsymbol{a} \times \boldsymbol{b}\|$

[3] $(\boldsymbol{a}, \boldsymbol{c}) = 3x - 2y + 4 = 0, (\boldsymbol{b}, \boldsymbol{c}) = -2x + y + 1 = 0$
より連立方程式を解くことで $x = 6, y = 11$.

[別解] $\boldsymbol{a} \times \boldsymbol{b} = \begin{bmatrix} -6 \\ -11 \\ -1 \end{bmatrix}$ より, このベクトルのスカラー倍で第 3 成分が 1 となるものを考えると $\boldsymbol{c} = \begin{bmatrix} 6 \\ 11 \\ 1 \end{bmatrix}$. よって $x = 6, y = 11$.

[4] $\boldsymbol{a} = \begin{bmatrix} a_1 \\ \vdots \\ a_n \end{bmatrix}$, $\boldsymbol{b} = \begin{bmatrix} b_1 \\ \vdots \\ b_n \end{bmatrix}$, $\boldsymbol{c} = \begin{bmatrix} c_1 \\ \vdots \\ c_n \end{bmatrix}$ とすると $(\boldsymbol{a}, \boldsymbol{b}) = \sum_{i=1}^{n} a_i b_i$ であることから

(1) $(\boldsymbol{a} + \boldsymbol{b}, \boldsymbol{c}) = \sum_{i=1}^{n}(a_i + b_i)c_i = \sum_{i=1}^{n} a_i c_i + \sum_{i=1}^{n} b_i c_i = (\boldsymbol{a}, \boldsymbol{c}) + (\boldsymbol{b}, \boldsymbol{c}).$

(2) $(k\boldsymbol{a}, \boldsymbol{b}) = \sum_{i=1}^{n}(ka_i)b_i = k\sum_{i=1}^{n} a_i b_i = k(\boldsymbol{a}, \boldsymbol{b}).$

(3) $(\boldsymbol{a}, \boldsymbol{b}) = \sum_{i=1}^{n} a_i b_i = \sum_{i=1}^{n} b_i a_i = (\boldsymbol{b}, \boldsymbol{a}).$

(4) $\boldsymbol{a} \neq \boldsymbol{0}$ より少なくとも 1 つの成分は $a_i \neq 0$ であるから $(\boldsymbol{a}, \boldsymbol{a}) = \sum_{i=1}^{n} a_i^2 > 0.$

[5] (1) 式から $0 \leq \|\boldsymbol{a}\|^2 \cdot \|\boldsymbol{b}\|^2 - (\boldsymbol{a}, \boldsymbol{b})^2$ であるから，移行して $(\boldsymbol{a}, \boldsymbol{b})^2 \leq \|\boldsymbol{a}\|^2 \cdot \|\boldsymbol{b}\|^2$ より両辺の平方根を取れば成り立つことが分かる．

(2) [4] の性質と (1) より，$\|\boldsymbol{a} + \boldsymbol{b}\|^2 = (\boldsymbol{a} + \boldsymbol{b}, \boldsymbol{a} + \boldsymbol{b}) \leq \|\boldsymbol{a}\|^2 + 2|(\boldsymbol{a}, \boldsymbol{b})| + \|\boldsymbol{b}\|^2 \leq \|\boldsymbol{a}\|^2 + 2\|\boldsymbol{a}\| \cdot \|\boldsymbol{b}\| + \|\boldsymbol{b}\|^2 = (\|\boldsymbol{a}\| + \|\boldsymbol{b}\|)^2$ であり，両辺の平方根を取れば成り立つことが分かる．

[6] (1) $(\boldsymbol{a} - \boldsymbol{b}, \boldsymbol{a} + \boldsymbol{b}) = \|\boldsymbol{a}\|^2 - \|\boldsymbol{b}\|^2 = 0$ より同値．

(2) $\|\boldsymbol{a} + \boldsymbol{b}\|^2 = \|\boldsymbol{a}\|^2 + 2(\boldsymbol{a}, \boldsymbol{b}) + \|\boldsymbol{b}\|^2 = \|\boldsymbol{a}\|^2 + \|\boldsymbol{b}\|^2$ より同値．

[7] $|\boldsymbol{u}_1 \ \boldsymbol{u}_2 \ \boldsymbol{u}_3|$ を第 3 列に関して余因子展開すると，

$$|\boldsymbol{u}_1 \ \boldsymbol{u}_2 \ \boldsymbol{u}_3| = c_1 \begin{vmatrix} a_2 & b_2 \\ a_3 & b_3 \end{vmatrix} - c_2 \begin{vmatrix} a_1 & b_1 \\ a_3 & b_3 \end{vmatrix} + c_3 \begin{vmatrix} a_1 & b_1 \\ a_2 & b_2 \end{vmatrix}$$
$$= (a_2 b_3 - b_2 a_3)c_1 + (a_3 b_1 - b_3 a_1)c_2 + (a_1 b_2 - b_1 a_2)c_3$$
$$= (\boldsymbol{u}_1 \times \boldsymbol{u}_2, \boldsymbol{u}_3)$$

となり，求める結果が得られた．

第10章

問 32 $t = \dfrac{x-1}{2} = \dfrac{y+2}{-1} = \dfrac{z-3}{3}$ とおくことで
$\begin{bmatrix} x \\ y \\ z \end{bmatrix} = \begin{bmatrix} 1 \\ -2 \\ 3 \end{bmatrix} + t \begin{bmatrix} 2 \\ -1 \\ 3 \end{bmatrix}$

問 33　直線の方程式をパラメータ表示に直すと $\begin{bmatrix} x \\ y \\ z \end{bmatrix} = \begin{bmatrix} 1 \\ 0 \\ -1 \end{bmatrix} + t \begin{bmatrix} -1 \\ 3 \\ 2 \end{bmatrix}$ (*) となる．これを平面の方程式に代入することで $t = 1$ が得られ，これを (*) に代入すれば交点 $(0, 3, 1)$ が得られる．

第 10 章 章末問題

[1]　(1) $\dfrac{x-2}{-1} = \dfrac{y-1}{3} = \dfrac{z+1}{2}$　(2) $\dfrac{x-1}{-2} = \dfrac{y}{5}, z = -7$

[2]　$x - 1 = \dfrac{y+2}{3} = \dfrac{z-5}{-8}$

[3]　(1) $\begin{bmatrix} x \\ y \\ z \end{bmatrix} = \begin{bmatrix} 2 \\ 1 \\ 0 \end{bmatrix} + t_1 \begin{bmatrix} -2 \\ 3 \\ 1 \end{bmatrix} + t_2 \begin{bmatrix} 1 \\ -1 \\ -2 \end{bmatrix}$　(2) $\begin{bmatrix} 5 \\ 3 \\ 1 \end{bmatrix}$ （あるいはこのベクトルの 0 でないスカラー倍）　(3) $5x + 3y + z = 13$

[4]　(1) $\dfrac{x-3}{2} = \dfrac{y+2}{-1} = z - 4$　(2) $a = -5, b = 2$　(3) $2x - y + z = 12$

[5]　(1) 2 つの平面は平行である．　(2) 2 つの平面の交わりは直線になる．

第 11 章

問 34　$\begin{bmatrix} x' \\ y' \end{bmatrix} = \begin{bmatrix} \dfrac{\sqrt{3}}{2} & -\dfrac{1}{2} \\ \dfrac{1}{2} & \dfrac{\sqrt{3}}{2} \end{bmatrix} \begin{bmatrix} x \\ y \end{bmatrix}$

問 35　$\begin{bmatrix} x' \\ y' \end{bmatrix} = \begin{bmatrix} \dfrac{1}{2} & \dfrac{\sqrt{3}}{2} \\ \dfrac{\sqrt{3}}{2} & -\dfrac{1}{2} \end{bmatrix} \begin{bmatrix} x \\ y \end{bmatrix}$

第 11 章 章末問題

[1]　図は略

[2]　図は略

[3]　(1) $\begin{bmatrix} \dfrac{1}{2} & -\dfrac{\sqrt{3}}{2} \\ \dfrac{\sqrt{3}}{2} & \dfrac{1}{2} \end{bmatrix} \begin{bmatrix} \dfrac{\sqrt{3}}{2} & -\dfrac{1}{2} \\ \dfrac{1}{2} & \dfrac{\sqrt{3}}{2} \end{bmatrix} = \begin{bmatrix} 0 & -1 \\ 1 & 0 \end{bmatrix}$ より $\dfrac{\pi}{2}$ の回転移動になる．

(2) $\begin{bmatrix} \cos 2\theta & \sin 2\theta \\ \sin 2\theta & -\cos 2\theta \end{bmatrix} \begin{bmatrix} \cos 2\theta & \sin 2\theta \\ \sin 2\theta & -\cos 2\theta \end{bmatrix} = \begin{bmatrix} 1 & 0 \\ 0 & 1 \end{bmatrix}$ より恒等変換になる．

[4] (1) A′(−5, 2), B′(−3, 3), C′(2, 1) より

$$\overrightarrow{OA'} = \begin{bmatrix} -5 \\ 2 \end{bmatrix}, \overrightarrow{C'B'} = \overrightarrow{OB'} - \overrightarrow{OC'} = \begin{bmatrix} -3 \\ 3 \end{bmatrix} - \begin{bmatrix} 2 \\ 1 \end{bmatrix} = \begin{bmatrix} -5 \\ 2 \end{bmatrix}$$

であるから OA′ と C′B′ は平行で同じ長さとなる．よって四角形 OA′B′C′ は平行四辺形である．

(2) 正方形 OABC の面積は 1 であり，定理 11.1 より

$\begin{vmatrix} 2 & -5 \\ 1 & 2 \end{vmatrix} = 9$ から四角形 OA′B′C′ の面積は 9．

[5] (1) 原点を O とし $y = mx$ 上の点 A(1, m) と B(1, 0) を考えると △OAB は ∠AOB= θ の直角三角形となり，$\sin\theta = \dfrac{m}{\sqrt{1+m^2}}$, $\cos\theta = \dfrac{1}{\sqrt{1+m^2}}$ が求まる．

(2) $\begin{bmatrix} x' \\ y' \end{bmatrix} = \dfrac{1}{1+m^2} \begin{bmatrix} 1-m^2 & 2m \\ 2m & -1+m^2 \end{bmatrix} \begin{bmatrix} x \\ y \end{bmatrix}$

[6] (1) 7 倍 (2) 16 倍

[7] (1) $\left(\sqrt{3} - \dfrac{1}{2}, -1 - \dfrac{\sqrt{3}}{2}\right)$ (2) (3, 1) (3) $a = 2\sqrt{3}$

第12章

問 36 ベクトルを行とした行列を基本変形することで，ランクが 2 になることから一次従属である．

問 37 $\boldsymbol{R}^3$ の 3 つのベクトルより，一次独立を示せばよい．これらのベクトルを行とした行列を基本変形することで，ランクが 3 であることが確かめられることから，これらのベクトルは $\boldsymbol{R}^3$ の基底である．

第12章 章末問題

[1] (1) 一次独立 (2) 一次従属 (3) 一次独立 (4) 一次従属 (5) 一次独立 (6) 一次従属

[2] (1) $\boldsymbol{u}_1, \boldsymbol{u}_2, \cdots \boldsymbol{u}_k$ が一次従属であることより，定義から

$$c_1 \boldsymbol{u}_1 + c_2 \boldsymbol{u}_2 + \cdots + c_k \boldsymbol{u}_k = \boldsymbol{0}$$

において $c_i \neq 0$ となる i が存在する．このとき，添え字 i を 1 と入れ替え c_1 で両辺を割り，$\boldsymbol{u}_1$ を移項すると

$$\boldsymbol{u}_1 = -\dfrac{c_2}{c_1} \boldsymbol{u}_2 - \cdots - \dfrac{c_k}{c_1} \boldsymbol{u}_k$$

とかける．

(2) $\boldsymbol{u}_1 = c_2 \boldsymbol{u}_2 + \cdots c_k \boldsymbol{u}_k$ と表せたとすると移項して $-\boldsymbol{u}_1 + c_2 \boldsymbol{u}_2 + \cdots + c_k \boldsymbol{u}_k = \boldsymbol{0}$ より，$\boldsymbol{u}_1, \boldsymbol{u}_2, \cdots, \boldsymbol{u}_k$ は一次従属である．

[3] $A = \begin{bmatrix} \boldsymbol{u}_1 \\ \vdots \\ \boldsymbol{u}_n \end{bmatrix}$ とおくと，$\boldsymbol{u}_1, \boldsymbol{u}_2, \cdots, \boldsymbol{u}_n$ が一次独立

⇔ A は逆行列をもつ
⇔ $|A| \neq 0$，である．

[4] (1) $\boldsymbol{R}^3$ の 3 つのベクトルより，一次独立を示せばよい．

[3] より $\begin{vmatrix} 1 & 2 & -1 \\ 2 & 0 & 1 \\ 4 & -1 & 3 \end{vmatrix} = -1 \neq 0$ であるから，一次独立．

(2) $[1\ 3\ -2] = x[1\ 2\ -1] + y[2\ 0\ 1] + z[4\ -1\ 3]$
とすると，それぞれの成分から連立方程式

$$\begin{cases} x + 2y + 4z = 1 \\ 2x - z = 3 \\ -x + y + 3z = -2 \end{cases}$$

を解けばよい．よって解は，$x = 1, y = 2, z = -1$ より
$[1\ 3\ -2] = [1\ 2\ -1] + 2[2\ 0\ 1] - [4\ -1\ 3]$．

第 13 章

問 38 略

問 39 固有値は $\lambda = -1, 5$，それぞれの固有ベクトルは $\begin{bmatrix} x \\ y \end{bmatrix} = t_1 \begin{bmatrix} -1 \\ 2 \end{bmatrix}, \begin{bmatrix} x \\ y \end{bmatrix} = t_2 \begin{bmatrix} 1 \\ 1 \end{bmatrix}$ $(t_1, t_2 \neq 0)$

第 13 章 章末問題

[1] (1) $\begin{bmatrix} 1 & 3 \\ 2 & 2 \end{bmatrix} \begin{bmatrix} 1 \\ 1 \end{bmatrix} = \begin{bmatrix} 4 \\ 4 \end{bmatrix} = 4 \begin{bmatrix} 1 \\ 1 \end{bmatrix}$ より固有値は 4．

(2) $\begin{bmatrix} -3 & 6 \\ -2 & 5 \end{bmatrix} \begin{bmatrix} 3 \\ 1 \end{bmatrix} = \begin{bmatrix} -3 \\ -1 \end{bmatrix} = -\begin{bmatrix} 3 \\ 1 \end{bmatrix}$ より固有値は -1．

(3) $\begin{bmatrix} 1 & 2 & -1 \\ 2 & 5 & 0 \\ 1 & 1 & -3 \end{bmatrix} \begin{bmatrix} 5 \\ -2 \\ 1 \end{bmatrix} = \begin{bmatrix} 0 \\ 0 \\ 0 \end{bmatrix} = 0 \begin{bmatrix} 5 \\ -2 \\ 1 \end{bmatrix}$ より固有値は 0．

(4) $\begin{bmatrix} 2 & 2 & -1 \\ 2 & -1 & 2 \\ -1 & 2 & 2 \end{bmatrix} \begin{bmatrix} 1 \\ -2 \\ 1 \end{bmatrix} = \begin{bmatrix} -3 \\ 6 \\ -3 \end{bmatrix} = -3 \begin{bmatrix} 1 \\ -2 \\ 1 \end{bmatrix}$ より固有値は -3．

[2] (1) $\varphi_A(\lambda) = \lambda^2 - 6\lambda - 16, \lambda = -2, 8$
(2) $\varphi_A(\lambda) = \lambda^2 - 2\lambda + 1, \lambda = 1$
(3) $\varphi_A(\lambda) = \lambda^3 - 3\lambda^2 - \lambda + 3, \lambda = -1, 1, 3$
(4) $\varphi_A(\lambda) = \lambda^3 - 3\lambda + 2, \lambda = -2, 1$

[3] 固有値に対する固有ベクトルは, 固有値の並んでいる順にかくこととする. 以下, $t_1, t_2, t_3 \neq 0$ とする.

(1) 固有値 $\lambda = 2, 4$, 固有ベクトル $t_1 \begin{bmatrix} -1 \\ 1 \end{bmatrix}, t_2 \begin{bmatrix} -1 \\ 3 \end{bmatrix}$

(2) 固有値 $\lambda = -1, 1$, 固有ベクトル $t_1 \begin{bmatrix} 2 \\ 1 \end{bmatrix}, t_2 \begin{bmatrix} 1 \\ 1 \end{bmatrix}$

(3) 固有値 $\lambda = -1, 1, 2$, 固有ベクトル $t_1 \begin{bmatrix} -1 \\ 1 \\ 1 \end{bmatrix}, t_2 \begin{bmatrix} 2 \\ -1 \\ 1 \end{bmatrix}, t_3 \begin{bmatrix} 1 \\ 0 \\ 1 \end{bmatrix}$

(4) 固有値 $\lambda = 1, 2$, 固有ベクトル $t_1 \begin{bmatrix} 0 \\ -1 \\ 1 \end{bmatrix}, t_2 \begin{bmatrix} -2 \\ 0 \\ 1 \end{bmatrix}$

(5) 固有値 $\lambda = -1, 3$, $\lambda = -1$ に対する固有ベクトルは

$t_1 \begin{bmatrix} 1 \\ 1 \\ 0 \end{bmatrix} + t_2 \begin{bmatrix} 1 \\ 0 \\ 1 \end{bmatrix}$ (t_1, t_2 は同時に 0 にはならない), 固有値 $\lambda = 3$ に対応する固有ベクトルは $t_3 \begin{bmatrix} 1 \\ -1 \\ 1 \end{bmatrix}$

(6) 固有値 $\lambda = -3, 3$, $\lambda = -3$ に対する固有ベクトルは

$t_1 \begin{bmatrix} 1 \\ 1 \\ 0 \end{bmatrix} + t_2 \begin{bmatrix} -2 \\ 0 \\ 1 \end{bmatrix}$ (t_1, t_2 は同時に 0 にはならない), 固有値 $\lambda = 3$ に対する固有ベクトルは $t_3 \begin{bmatrix} 1 \\ -1 \\ 2 \end{bmatrix}$

第14章

問 40 $P = \begin{bmatrix} -2 & 2 \\ 1 & 1 \end{bmatrix}$ とすれば $P^{-1}AP = \begin{bmatrix} -1 & 0 \\ 0 & 3 \end{bmatrix}$ と対角化できる.

第 14 章 章末問題

[**1**] (1) $P = \begin{bmatrix} -1 & -2 \\ 1 & 1 \end{bmatrix}$, $P^{-1}AP = \begin{bmatrix} 3 & 0 \\ 0 & -1 \end{bmatrix}$

(2) $P = \begin{bmatrix} -1 & -3 \\ 1 & 1 \end{bmatrix}$, $P^{-1}AP = \begin{bmatrix} 4 & 0 \\ 0 & 2 \end{bmatrix}$

(3) 対角化できない.

(4) $P = \begin{bmatrix} -1 & 2 & 1 \\ 1 & 0 & 2 \\ 0 & 1 & 1 \end{bmatrix}$, $P^{-1}AP = \begin{bmatrix} 1 & 0 & 0 \\ 0 & 1 & 0 \\ 0 & 0 & 2 \end{bmatrix}$

(5) 対角化できない.

(6) $P = \begin{bmatrix} 1 & 1 & 2 \\ -1 & 0 & 1 \\ 1 & 1 & 1 \end{bmatrix}$, $P^{-1}AP = \begin{bmatrix} -2 & 0 & 0 \\ 0 & -1 & 0 \\ 0 & 0 & 1 \end{bmatrix}$

(7) $P = \begin{bmatrix} -\frac{1}{2} & -\frac{1}{4} & -1 \\ 1 & 0 & 1 \\ 0 & 1 & 1 \end{bmatrix}$, $P^{-1}AP = \begin{bmatrix} 2 & 0 & 0 \\ 0 & 2 & 0 \\ 0 & 0 & 1 \end{bmatrix}$

[**2**] (1) $A^k = \begin{bmatrix} -3^k + 2 \cdot (-1)^k & -2 \cdot 3^k + 2 \cdot (-1)^k \\ 3^k - (-1)^k & 2 \cdot 3^k - (-1)^k \end{bmatrix}$

(2) $A^k = \frac{1}{2} \begin{bmatrix} -4^k + 3 \cdot 2^k & -3 \cdot 4^k + 3 \cdot 2^k \\ 4^k - 2^k & 3 \cdot 4^k - 2^k \end{bmatrix}$

(3) $A^k = \begin{bmatrix} 1 - 2^k + 3^k & -1 + 2^k & -2 + 2^k + 3^k \\ 2 - 3 \cdot 2^k + 3^k & -2 + 3 \cdot 2^k & -4 + 3 \cdot 2^k + 3^k \\ -1 + 2^k & 1 - 2^k & 2 - 2^k \end{bmatrix}$

[**3**] (1) $|P^{-1}| = |P|^{-1}$ に注意すると, $\varphi_{P^{-1}AP}(\lambda) = |\lambda I - P^{-1}AP| = |P^{-1}(\lambda I - A)P| = |P^{-1}||\lambda I - A||P| = |\lambda I - A| = \varphi_A(\lambda)$.

(2) $P^{-1}AP \cdot P^{-1}\boldsymbol{u} = P^{-1}A\boldsymbol{u} = P^{-1}\lambda_0\boldsymbol{u} = \lambda_0 P^{-1}\boldsymbol{u}$ より, $P^{-1}\boldsymbol{u}$ は λ_0 に対する $P^{-1}AP$ の固有ベクトルである.

[**4**] A が逆行列をもち, 固有値 0 があるとする. 固有値 0 に対する固有ベクトルを $\boldsymbol{u}$ とすると $A\boldsymbol{u} = 0\boldsymbol{u} = \boldsymbol{0}$. この両辺に左から A^{-1} を掛けると $\boldsymbol{u} = \boldsymbol{0}$ となり固有ベクトルの定義に反する. よって 0 は逆行列をもつ正方行列の固有値ではない.

逆に, A が逆行列をもたないならば $A\boldsymbol{x} = \boldsymbol{0} = 0\boldsymbol{x}$ において自明でない解をもつ. すなわち, A は固有値 0 をもつ.

索　　引

い
一次結合 ･････････････････････ 106
一次従属 ･････････････････････ 107
一次独立 ････････････････ 107, 126
一次変換 ･･･････････････････ 6, 95

う
上三角行列 ･･･････････････ 38, 54

え
n 次元数ベクトル空間 ･･････････ 80
n 次元ベクトル空間 ･･････････ 80

お
大きさ ･･･････････････････････ 81
折り返し ･････････････････････ 98

か
解 ････････････････････ 2, 16, 113
階数 ･････････････････････････ 23
外積 ･････････････････････････ 83
回転移動 ･････････････････････ 97
回転行列 ･････････････････････ 96
拡大係数行列 ･････････････････ 12

き
幾何ベクトル ･････････････････ 79
　　──の内積 ････････････････ 81
基底 ･･･････････････････････ 109
　　標準── ････････････････ 109
基本ベクトル ･････････････････ 47

逆行列 ･･････････････････ 40, 67, 70
　　──の公式 ･･････････････ 70
行 ･････････････････････････････ 4
行列 ････････････････････････ 4, 27
　　上三角── ････････････ 38, 54
　　回転── ･･･････････････ 96
　　逆── ･･･････････ 40, 67, 70
　　──の基本変形 ･･････････ 16
　　──の分割 ･･････････････ 34
　　係数── ･･･････････････ 12
　　小── ･････････････････ 34
　　スカラー── ･･･････････ 40
　　正方── ･･･････････････ 32
　　単位── ･･･････････････ 39
　　ブロック── ････････････ 34
　　余因子── ･･････････････ 70
行列式 ･･･････････････････ 49, 52

く
クラメルの公式 ･･････････････ 73
空間の直線 ･･････････････････ 89
空間の平面 ･･････････････････ 90

け
係数行列 ･･････････････････ 12, 23

こ
合成変換 ･･･････････････････ 103
交代性 ･････････････････････ 51
恒等変換 ･･･････････････････ 103
合同変換 ･･････････････････ 99

索引

固有空間 · 126
固有多項式 · 113
固有値 · 6, 112
固有ベクトル · · · · · · · · · · · · · · · · · · · 112
固有方程式 · 113
根 · 113

さ
座標 · 123
三角不等式 · 87

し
次元 · 126
始点 · 79
写像 · 95
終点 · 79
シュバルツの不等式 · · · · · · · · · · · · · 87
小行列 · 34

す
数ベクトル · 80
　　——の内積 · · · · · · · · · · · · · · · · · 82
スカラー · · · · · · · · · · · · · · · · · · · 28, 79
　　——行列 · · · · · · · · · · · · · · · · · · · 40
　　——倍 · · · · · · · · · · · · · · · · · 28, 33

せ
成分 · 4
　　——a_{ij} の余因子 · · · · · · · · · · · 63
正方行列 · · · · · · · · · · · · · · · · · · · 32, 52
積の結合法則 · · · · · · · · · · · · · · · 33, 38
零行列 · 27
零ベクトル · · · · · · · · · · · · · · · · · 28, 112
線形変換 · 95

た
第 (i, j) 余因子 · · · · · · · · · · · · · · · · · 63

対角化 · 120
単位行列 · 39

ち
直線に対する折り返し · · · · · · · · · · · 99
直線のパラメータ表示 · · · · · · · · · · · 89
直交する · 83

な
内積
　　幾何ベクトルの—— · · · · · · · · · · 81
　　数ベクトルの—— · · · · · · · · · · · · 82

は
パラメータ · · · · · · · · · · · · · · · · · 20, 23
パラメータ表示 · · · · · · · · · · · · · 89, 90
　　直線の—— · · · · · · · · · · · · · · · · · 89
　　平面の—— · · · · · · · · · · · · · · · · · 90

ひ
左手系 · 86
標準基底 · · · · · · · · · · · · · · · · · · 109, 124

ふ
ブロック行列 · 34
分配法則 · 33

へ
平面のパラメータ表示 · · · · · · · · · · · 90
ベクトル · 4
　　幾何—— · · · · · · · · · · · · · · · · 79, 81
　　基本—— · · · · · · · · · · · · · · · · · · · 47
　　固有—— · · · · · · · · · · · · · · · · · · 112
　　数—— · · · · · · · · · · · · · · · · · 80, 82
　　零—— · · · · · · · · · · · · · · · · · 28, 112
　　——空間 · · · · · · · · · · · · · · · · · · · 80
　　——積 · 83

――の外積 ・・・・・・・・・・・・・・・・・・・・ 83
――のなす角 ・・・・・・・・・・・・・・・・・・ 83
方向―― ・・・・・・・・・・・・・・・・・・・・・・ 89
法線―― ・・・・・・・・・・・・・・・・・・・・・・ 91

ほ
方向ベクトル ・・・・・・・・・・・・・・・・・・・ 89
法線ベクトル ・・・・・・・・・・・・・・・・・・・ 91

み
右手系 ・・・・・・・・・・・・・・・・・・・・・・・・・ 86

ゆ
有向線分 ・・・・・・・・・・・・・・・・・・・・・・・ 79

よ
余因子 ・・・・・・・・・・・・・・・・・・・・・・・・・ 63
　成分 a_{ij} の―― ・・・・・・・・・・・・・・・ 63
　第 (i,j) ―― ・・・・・・・・・・・・・・・・・ 63
　――行列 ・・・・・・・・・・・・・・・・・・・・・ 70
　――展開 ・・・・・・・・・・・・・・・・ 62, 63

ら
ランク ・・・・・・・・・・・・・・・・・・・・・ 21, 23

れ
列 ・・・・・・・・・・・・・・・・・・・・・・・・・・・・・ 4
連立方程式 ・・・・・・・・・・・・・・・・・ 11, 19
　――の幾何学的解釈 ・・・・・・・・・・・ 92

Memorandum

Memorandum

著者紹介

神永正博（かみなが まさひろ）
1967年　東京に生まれる
1991年　東京理科大学理学部数学科卒業
1994年　京都大学大学院理学研究科数学専攻博士課程中退
1994年　東京電機大学理工学部助手
1998年　日立製作所入社　中央研究所勤務
2004年　東北学院大学工学部専任講師
2005年　同助教授
2007年　同准教授（名称変更により）
2011年　同教授
　　　　現在に至る
博士（理学）（大阪大学）

石川賢太（いしかわ けんた）
1968年　東京に生まれる
1991年　東京理科大学理学部数学科卒業
2000年　千葉大学大学院自然科学研究科情報システム科学専攻博士課程修了
現　在　東邦大学薬学部，千葉工業大学工学部，千葉大学工学部および国士舘大学工学部非常勤講師
博士（理学）（千葉大学）

2009 年 10 月 31 日　第 1 版発行
2012 年 4 月 25 日　第 2 版発行
2021 年 3 月 31 日　第 2 版 2 刷発行

計算力をつける
線形代数

著　者 ⓒ 神永正博
　　　　石川賢太
発行者　内田　学
印刷者　馬場信幸

発行所　株式会社　内田老鶴圃　〒112-0012 東京都文京区大塚3丁目34番3号
　　　　電話 03(3945)6781(代)・FAX 03(3945)6782
http://www.rokakuho.co.jp/
印刷・製本/三美印刷 K.K.

Published by UCHIDA ROKAKUHO PUBLISHING CO., LTD.
3-34-3 Otsuka, Bunkyo-ku, Tokyo, Japan
ISBN 978-4-7536-0032-8 C3041　　U. R. No. 576-3

計算力をつける微分積分
神永正博・藤田育嗣 著　　本体 2000 円・172 頁・A5 判

計算力をつける微分積分 問題集
神永正博・藤田育嗣 著　　本体 1200 円・112 頁・A5 判

微分積分を道具として利用するための入門書．微積の基本が「掛け算九九」のレベルで計算できるように工夫．

第 1 章　指数関数と対数関数	第 4 章　積　　分
第 2 章　三角関数	第 5 章　偏微分
第 3 章　微　　分	第 6 章　2 重積分

計算力をつける線形代数
神永正博・石川賢太 著　　本体 2000 円・160 頁・A5 判

より計算力の養成に重点を置く構成で，問，章末問題共に計算練習を中心とする．抽象的展開を避け「連立方程式の解き方」「ベクトル，行列の扱い方」を重点的に説明．

第 1 章　線形代数とは何をするものか？	第 8 章　余因子行列とクラメルの公式
第 2 章　行列の基本変形と連立方程式 (1)	第 9 章　ベクトル
第 3 章　行列の基本変形と連立方程式 (2)	第 10 章　空間の直線と平面
第 4 章　行列と行列の演算	第 11 章　行列と一次変換
第 5 章　逆行列	第 12 章　ベクトルの一次独立，一次従属
第 6 章　行列式の定義と計算方法	第 13 章　固有値と固有ベクトル
第 7 章　行列式の余因子展開	第 14 章　行列の対角化と行列の k 乗

計算力をつける応用数学
魚橋慶子・梅津 実 著　　本体 2800 円・224 頁・A5 判

計算力をつける応用数学 問題集
魚橋慶子・梅津 実 著　　本体 1900 円・140 頁・A5 判

大学・高専で学ぶことの多い常微分方程式，フーリエ・ラプラス解析，複素関数の分野に絞り，計算問題を中心として解説．計算力の養成に力を注ぐ．

第 0 章　複素数	第 3 章　ラプラス変換
第 1 章　常微分方程式	第 4 章　複素関数
第 2 章　フーリエ級数とフーリエ変換	

計算力をつける微分方程式
藤田育嗣・間田 潤 著　　本体 2000 円・144 頁・A5 判

例題のすぐ後に，その例題の解法を参考にすれば解くことができる問題を配置．第 0 章から第 3 章までは微分方程式を「解く」ことに専念し，付章「物理への応用」でなぜ微分方程式が必要かを具体的に示す．

第 0 章　微分方程式とは？	第 3 章　級数解
第 1 章　1 階微分方程式	付　章　物理への応用
第 2 章　定数係数 2 階線形微分方程式	A.1 物体の運動　A.2 電気回路

表示価格は税別の本体価格です．　　　　　　　　　　　　http://www.rokakuho.co.jp/